AI筑梦系列

通义
实战精粹

宁跃飞 邱文博 著

人民邮电出版社

北京

图书在版编目（CIP）数据

通义实战精粹 / 宁跃飞，邱文博著. -- 北京：人民邮电出版社，2025. -- （AI 筑梦系列）. -- ISBN 978 -7-115-67245-2

Ⅰ．TP18

中国国家版本馆 CIP 数据核字第 2025FR9654 号

内 容 提 要

本书采用实战教学的方式，系统介绍通义的相关知识和高效应用技巧。

本书共 7 章，第 1 章为快速入门，引领读者了解通义的基本功能与操作方法；第 2 章为职场提效，展示通义在职场中的广泛应用；第 3 章聚焦学习跃升，介绍如何利用通义助力知识获取与互动式学习等；第 4 章为生活助手，讲解通义在旅行计划、美食探索等方面的便捷应用；第 5 章为通义效率，介绍通义效率的主要功能及应用；第 6 章专门介绍通义 App 的应用，如个性化设置、对话方式及特色功能等；第 7 章介绍通义大模型家族其他产品的应用体验。

本书适合对人工智能（Artificial Intelligence，AI）技术感兴趣的广大读者阅读，既可作为个人提升效率与技能的学习资料，也可作为相关培训课程的参考教材。

◆ 著　　　　宁跃飞　邱文博
　　责任编辑　李永涛
　　责任印制　王　郁　胡　南
◆ 人民邮电出版社出版发行　　北京市丰台区成寿寺路 11 号
　　邮编　100164　电子邮件　315@ptpress.com.cn
　　网址　https://www.ptpress.com.cn
　　临西县阅读时光印刷有限公司印刷
◆ 开本：700×1000　1/16
　　印张：12.75　　　　　　　2025 年 7 月第 1 版
　　字数：226 千字　　　　　2025 年 7 月河北第 1 次印刷

定价：69.90 元

读者服务热线：(010)81055410　印装质量热线：(010)81055316
反盗版热线：(010)81055315

前言

在数字时代，AI技术正以前所未有的速度改变着我们的工作模式和生活方式。从日常琐事到重要决策，AI技术的应用无处不在，极大地提高了人们的工作效率和生活质量。通义作为阿里云研发的知识增强大语言模型，其凭借强大的自然语言处理能力和深厚的深度学习技术底蕴，正逐步成为广大用户不可或缺的创意伙伴与提效工具。本书旨在引导读者充分利用通义的强大功能，为自己的成长和发展助力，开启筑梦之旅。

本书特色

● 案例丰富，内容全面。

本书不仅介绍通义的基本操作方法，还提供大量的实战案例。从职场提效到学习跃升，从生活助手到通义效率，本书针对每一个应用场景进行详细的案例分析。通过这些实战案例，读者可以更好地理解和掌握通义的功能，提升自己的实际应用能力。

● 提示词进阶，技巧实用。

本书不仅涵盖基本操作，还提供丰富的提示词进阶技巧。无论是润色文本，还是生成会议纪要、制订教学工作计划，本书都提供详细的提示词示例和操作指南。这些技巧不仅实用，还能帮助读者在使用通义的过程中不断提升效率和效果。

● 场景引入，应用广泛。

本书通过引入具体的应用场景，使读者能够在生活和工作中更好地应用通义，解决实际问题。无论是营销人员的营销策划，还是教师的课程教学，或是家长的育儿助手，本书都提供相应的操作指南，帮助读者在不同领域高效应用通义。

● 全彩印刷，图文并茂。

本书采用全彩印刷，图文并茂，使内容更加生动直观。通过丰富的图表和示例，读者可以更轻松地理解和掌握通义的各项功能。同时，全彩印刷也能提升阅读体验，使读者的学习过程更加愉悦。

读者对象

本书适合以下读者对象。

· 学生。无论是大学生还是研究生，都可以通过本书学习如何利用通义进行知识获取、学术论文撰写和个人成长规划，提升学习效率和学术水平。

· 职场人士。本书提供丰富的职场应用案例，可以帮助职场人士在文案创作、数据分析、会议组织和客户沟通中高效利用通义，提升工作效率和职业竞争力。

· 对 AI 技术感兴趣的读者。本书不仅适合学生、职场人士，也适合对 AI 技术感兴趣的广大读者，可以帮助他们了解和掌握通义的基本操作和高级应用。

注意

在使用通义的过程中，有一些注意事项需要读者了解。

· 本书提供的提示词在实际应用时，生成的内容可能会有所不同。这是因为通义会根据用户的使用习惯和上下文环境，生成最符合当前需求的内容。这种差异属于正常现象，不会影响读者的学习和使用。

· 通义是一个不断升级和优化的 AI 模型，部分功能可能会随着版本的更新而有所变动。尽管如此，本书提供的思路和方法仍然具有广泛的适用性和极大的参考价值，能够帮助读者学习和使用通义。同时，建议读者在使用过程中保持灵活性，根据实际情况进行调整。

· 在使用通义的过程中，版权和隐私问题是不可忽视的。读者在输入内容时，应确保不侵犯他人的版权，避免使用受版权保护的文本、图片和视频。同时，读者应注意保护个人隐私，避免在与通义的交互中泄露敏感信息。

创作团队

本书由宁跃飞、邱文博著。在本书的编写过程中，作者已竭尽所能地将更好的内容呈现给读者，但书中难免有疏漏之处，敬请广大读者批评指正。读者在学习过程中有任何疑问或建议，可发送电子邮件至 liyongtao@ptpress.com.cn。

作者

2025 年 1 月

资源与支持

资源获取

本书提供如下资源。

- 本书思维导图。
- 异步社区 7 天 VIP 会员。
- 视频教学文件。

要获得以上资源，您可以扫描下方二维码，根据指引领取。

提交勘误

作者和编辑尽最大努力来确保书中内容的准确性，但难免会存在疏漏。欢迎您将发现的问题反馈给我们，帮助我们提升图书的质量。

当您发现错误时，请登录异步社区（https://www.epubit.com），按书名搜索，进入本书页面，单击"发表勘误"，输入勘误信息，单击"提交勘误"按钮即可（见下图）。本书的作者和编辑会对您提交的勘误进行审核，确认并接受后，您将获赠异步社区的 100 积分。积分可用于在异步社区兑换优惠券、样书或奖品。

图书勘误		发表勘误
页码： 1	页内位置（行数）： 1	勘误印次： 1
图书类型： 纸书 电子书		
添加勘误图片（最多可上传4张图片）		
+		提交勘误

❑ 与我们联系

我们的联系邮箱是 liyongtao@ptpress.com.cn。

如果您对本书有任何疑问或建议，请您发邮件给我们，并请在邮件标题中注明本书书名，以便我们更高效地做出反馈。

如果您有兴趣出版图书、录制教学视频，或者参与图书翻译、技术审校等工作，可以发邮件给我们。

如果您所在的学校、培训机构或企业想批量购买本书或异步社区出版的其他图书，也可以发邮件给我们。

如果您在网上发现有针对异步社区出品图书的各种形式的盗版行为，包括对图书全部或部分内容的非授权传播，请您将怀疑有侵权行为的链接发邮件给我们。您的这一举动是对作者权益的保护，也是我们持续为您提供有价值的内容的动力之源。

❑ 关于异步社区和异步图书

"异步社区"（www.epubit.com）是由人民邮电出版社创办的IT专业图书社区，于2015年8月上线运营，致力于优质内容的出版和分享，为读者提供高品质的学习内容，为作译者提供专业的出版服务，实现作译者与读者在线交流互动，以及传统出版与数字出版的融合发展。

"异步图书"是异步社区策划出版的精品IT图书的品牌，依托于人民邮电出版社在计算机图书领域40多年的发展与积淀。异步图书面向IT行业以及各行业使用IT的用户。

目录

1 第1章
快速入门：解锁通义的无限可能

2 第2章
职场提效：通义职场加速器

3 第3章
学习跃升：通义知识赋能站

4 | **第4章**
生活助手：通义日常小秘书

5 | **第5章**
通义效率：工作学习的全能助手

6 第6章
智能助手：通义App的应用

7 第7章
通义大模型家族：其他产品的应用体验

第1章

快速入门：解锁通义的无限可能

在数字时代的浪潮中，AI正以前所未有的速度改变着我们的生活方式与工作模式。本章旨在为你全面揭开通义这一智能助手的神秘面纱，引领你深入探索其强大的功能与潜力。通过对本章的学习，你将能够熟练掌握通义的基本操作，理解其背后的智能机制，进而在生活、工作中游刃有余地运用通义，开启高效、便捷的智能新篇章。

1.1　初识通义

　　作为智能对话领域的佼佼者，通义凭借其强大的自然语言处理能力和深厚的深度学习技术底蕴，正逐步成为广大用户不可或缺的创意伙伴与提效工具。本节将带你初步认识通义，完成注册、登录，熟悉其操作界面。

1.1.1　了解通义

　　通义是阿里云推出的一个智能助手，它在工作、学习和日常生活中都能给我们提供很多帮助。相比之前，现在的通义更智能、更贴心，真正成了我们的好帮手。通义意为"通情、达义"，其功能包括多轮对话、文案创作、逻辑推理、多模态理解、多语言支持等，能够跟用户进行多轮的交互，并融入多模态的知识理解，具备文案创作能力，能执行续写小说、编写邮件等任务。

　　使用通义非常简单，输入问题或提示词，通义会迅速给出准确的回答或执行相应的任务。无论是在网页端还是移动端，用户都能轻松获取通义提供的服务，满足不同场景下的需求。

　　阿里云通义系列涵盖多个领域的AI产品，包括通义万相、通义灵码、通义法睿、通义星尘和通义晓蜜等。通义万相是绘画产品，用户只需输入相应的提示词，它就能创作出符合描述的图像。通义灵码则是编码辅助产品，作为采用大模型驱动的智能编码助手，它能提供代码智能生成、研发智能回答、编码问题解决等功能。通义法睿是智能法律产品，能解读法律文件、分析案件情况，为用户提供高效、准确的法律咨询服务。通义星尘是类人智能体和数字分身产品，能打造个性化社交形象。通义晓蜜是智能客服产品，能在多种场景提供客户服务。这些产品的不断完善和丰富，展示了国产AI产品在各个领域的应用潜力。

　　接下来，本书各章将详细介绍通义的实战应用及技巧，帮助读者更好地理解和利用这一强大的工具。

1.1.2　通义的功能特色

　　与市面上其他AI模型相比，通义展现出多个差异化的技术优势。首先，依托阿里云庞大的数据资源和强大的计算能力，通义在训练过程中能够获得更全面、更高质量的数据支持，从而确保模型的高精度和强大的泛化能力。其次，针对不同行业和应用场景，通义提供了定制化的解决方案，如法律、编码等领域的专用产品，能够更好地满足特定需求。

通义的功能特色具体如下。

（1）深度搜索。通义能够支持从更多的内容源进行搜索，这意味着通义可以从广泛的信息库中获取相关内容，为用户提供更丰富的搜索结果。例如，当用户搜索专业领域的信息时，通义可以从多个专业数据库、学术资源等内容源中提取信息，而不局限于常见的网页信息。

（2）提示词。通义提供了多种预设的提示词，用户可以通过简单的提示词来使用特定的功能，如创建文档、搜索信息等。

（3）效率工具。通义提供了一系列实用效率助手（包括实时记录、阅读助手、PPT创作等）的集合。

此外，通义还提供了其他实用功能，如代码生成、图像理解、实时翻译等，全面覆盖了工作、学习和生活等方面。

1.1.3　AI的隐私与版权

在数字时代，AI技术的快速发展为内容创作带来了前所未有的便利。无论是文字、图片还是视频，AI都能够以惊人的速度高质量生成，但随之而来的隐私与版权问题不容忽视。

在隐私方面，当使用AI生成内容时，我们要警惕数据来源是否涉及他人隐私信息。很多AI模型是通过大量数据训练而成的，若这些数据中包含个人隐私信息，在使用AI生成内容的过程中就可能存在隐私泄露的风险。因此，在向AI提供个人信息以获取定制化内容时，我们也要谨慎考虑信息的敏感性和潜在的泄露风险，注意保护个人隐私信息（如身份号码、银行账户信息等）。

在版权方面，AI在生成内容时，可能会借鉴或模仿已有的作品。如果生成的内容与已有的作品相似度较高，就可能引发侵权争议。作为用户，我们在利用AI生成的内容时，必须明确作品的版权归属，确保不侵犯他人的版权。我们不能随意将AI生成的内容用于商业用途而不考虑版权问题，应在使用前进行充分的调查和确认。

因此，虽然AI具备强大的内容生成能力，但用户必须谨慎对待隐私与版权问题，合法、合理地使用AI。

1.2　注册、登录与操作页面

在介绍了通义之后，本节将介绍注册、登录与操作界面，助你快速上手通义。

1.2.1　完成注册、登录

在使用通义之前，完成注册、登录是不可或缺的一步。本小节将详细介绍注册与登录的具体步骤，让你轻松开启智能对话的旅程。

步骤 01 使用浏览器打开通义官方网站，单击左下角的【立即登录】按钮，如下图所示。

步骤 02 在弹出的登录对话框中输入手机号，然后勾选【我已阅读并同意用户协议、隐私政策】复选框，并获取短信验证码。输入验证码后，单击【登录】按钮，将自动注册并登录，如右图所示。另外，用户还可以使用已有的淘宝或支付宝账号登录，或通过淘宝、支付宝App扫描右侧二维码完成登录。

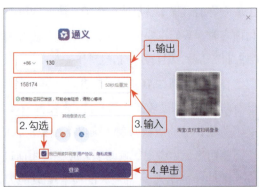

步骤 **03** 进入通义主页面，如下图所示。

1.2.2 熟悉操作界面

通义网页版的操作界面设计简洁明了，功能布局一目了然，主要分为侧边栏、对话历史记录区、对话框和输入框4部分，如下图所示。

1. 侧边栏

侧边栏中包含通义的logo、主要功能及设置，如【对话】、【发现】、【我的创建】及【个人中心设置】等。

2. 对话历史记录区

在侧边栏右侧，对话历史记录区会显示用户与通义之间的对话历史。这部分内容可以帮助用户回顾之前的交流情况，并且对通义理解对话尤为重要。

3. 对话框

在用户未展开对话时，对话框用于展示推荐信息。如果用户正在与通义互动，此区域将显示用户的输入内容、通义的回复以及对话记录。

4. 输入框

输入框是用户与通义进行交互的区域，用户不仅可以在其中输入问题或提示词，还可以拖曳和粘贴链接、图片、文件等内容，以获取更丰富的信息或让通义执行更复杂的任务。

1.2.3 通义的多端支持

通义具有iOS客户端、安卓客户端、微信小程序及浏览器插件等多端版本，确保用户可以随时随地获取信息、进行创意写作等，享受高效便捷的智能服务。

将鼠标指针移至账号头像处，在弹出的面板中单击【多端体验】按钮，可以获取客户端的下载二维码和微信小程序的访问二维码，如下图所示。通义支持插件功能，用

户可以根据浏览器选择插件，如果使用的不是Chrome浏览器和Edge浏览器，可以单击【下载插件到本地】图标，将插件下载到本地再进行安装。下面以单击【Edge插件】图标为例。

单击后会打开【Edge扩展】页面，单击【获取】按钮，如下图所示。

弹出下图所示对话框，单击【添加扩展】按钮。

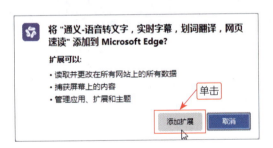

浏览器会自动下载通义插件并将其添加至浏览器的工具栏中，如下图所示。

1.3　基本对话操作

　　掌握基本对话操作，是高效利用通义的关键。从发送提示词到接收回复，通义的每个操作都简单易懂。

1.3.1　开始第一次对话

　　与通义的交流像聊天一样，用户只需输入提示词内容，发送给它，即可开启对话之旅。

步骤 01 在通义网页版的操作界面中，在输入框中单击即可开始输入提示词内容，如下图所示。

步骤 02 在输入时，如果要进行换行输入，可以按【Shift+Enter】组合键，完成后，单击【发送】按钮 ◁，如下图所示。

步骤 03 通义即可根据提示词内容，生成相应的回答。如果在生成过程中需要停止生成，则单击【停止回答】按钮 ⊙，可停止生成，如下图所示。

步骤 04 如果需要修改发送的提示词内容，将鼠标指针移至提示词所在的位置，单击显示的【重新编辑】按钮✐，如下图所示。

步骤 05 单击后会显示编辑框，修改提示词内容，单击【发送】按钮，如下图所示。

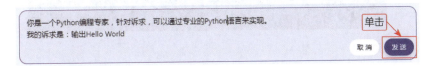

步骤 06 通义即可根据新提示词生成回答。可以看到回答右上角显示翻页按钮〈2/2〉，如下图所示。

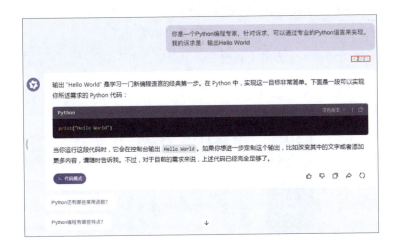

> **提示:** 单击👍或👎按钮，可以对回答进行评价，有助于提高通义生成回答的准确性和质量，更贴近用户的需求。单击【复制】按钮❏，可以直接复制回答内容；单击↗按钮，可以将对话内容以链接的形式进行分享；单击↻按钮，可以重新生成回答。

步骤 07 单击翻页按钮，即可查看修改提示词前通义回答的内容，用户可以自由切换，如下图所示。

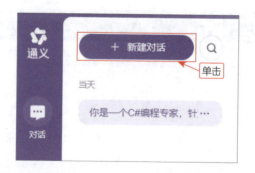

要在C#中输出"Hello World"，你可以使用 Console.WriteLine 方法，这是实现这个简单任务的常用方法。下面是一个简单的示例代码，它展示了如何在控制台上打印"Hello World"：

```csharp
using System;

class Program
{
    static void Main()
    {
        Console.WriteLine("Hello World");
    }
}
```

1.3.2　开启新对话

在使用通义时，为了确保不同主题之间的界限分明且不受先前内容的影响，用户在与通义交互时，需在一个界定清晰的语境中进行。无论用户是希望转换讨论的话题、设定特定的场景，还是保持对话的独立性，都可以开启新对话。

单击对话历史记录区上方的【新建对话】按钮，如下图所示，即可开启一个新的对话。

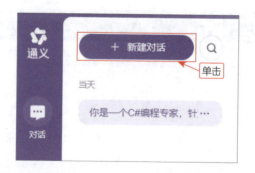

1.3.3　展开多轮对话

通义支持展开多轮对话，可以智能识别与记忆上下文，实现连续对话，提升沟通效率，增加沟通深度，让人机交互更加自然、高效。

步骤 **01** 在输入框中输入提示词内容，如"我在北京，今天天气如何？"发送后通义即可进行回复，如下图所示。

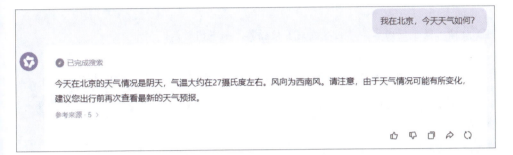

步骤 **02** 当想知道北京有什么景点时，无须再说明地点，通义可以理解上下文的关联。如输入"请给我推荐一些好玩的地方"并发送，通义即可推荐北京好玩的地方，如下图所示。

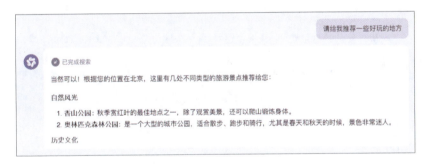

用户可以继续展开提问，例如"这些景点都需要门票吗？""给我推荐一些好吃的店"等，通义都可以根据上下文信息进行回复，帮用户准确地获取有用的信息。

1.3.4　深度搜索专业的问题

通义的深度搜索功能非常强大，可以理解复杂的查询请求并提供准确的信息，能够从众多网页获取相关信息并进行汇总整理。比如，搜索一个专业领域的问题时，深度搜索功能可以挖掘出更专业、更深入的解读，包括来自不同权威来源的观点、分析及案例等，帮助用户全面理解该问题。

步骤 **01** 单击输入框上方的【深度思考】按钮，如下页图所示。

步骤 02 输入提示词内容，单击【发送】按钮 ◁，如下图所示。

步骤 03 与普通提示词相比，通义会显示深度思考的内容与时长，如下图所示。

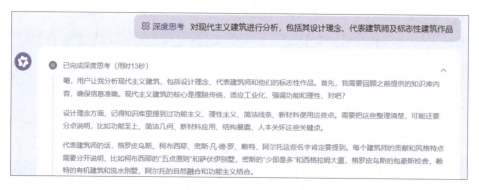

步骤 04 生成相关内容后，在内容中会显示引用标识，内容的下方会显示参考来源的数量，如下图所示。

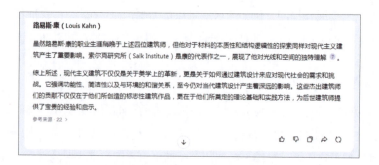

1.3.5　上传文档、图片进行对话

通义支持用户上传文档、图片等与其进行高效对话，极大地提升了交互的便捷性和

效率，为用户带来全新的沟通体验。

通义对上传的文档、图片的具体限制如下表所示。

分类	支持格式（类型）	每次上传最大数量	最大文件大小
文档	PDF/Word/Excel/Markdown/EPUB/Mobi/TXT	100个	150MB
图片	.jpg、.jpeg、.png	1张	10MB

具体使用方法如下。

步骤01 单击输入框左侧的 ⬆ 按钮，在弹出的菜单中，可以选择上传文档或图片，如这里选择【上传文档】，如下图所示。

步骤02 弹出【打开】对话框，选择要上传的文档，然后单击【打开】按钮，如下图所示。

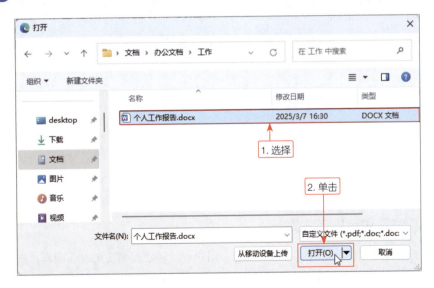

步骤03 文档上传完成后，会显示在输入框中，然后输入提示词，单击【发送】按钮 ⬆，如下页图所示。

步骤 04 通义即可基于上传的文档，并根据提示词，生成回复，如下图所示。

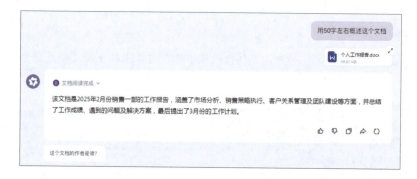

用户可以单击对话框右上角的【上传记录】按钮，如下图所示，在弹出的列表中，显示了上传的文档、图片等记录，单击【回到对话】按钮，可快速跳转回对话。

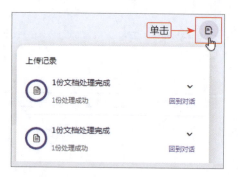

1.3.6　查看和编辑历史对话

通义具备查看和编辑历史对话的功能，用户可以轻松回溯历史对话内容，进行回顾与分析；同时提供编辑功能，让用户能根据需要调整或修正对话内容，以提升交流效率与准确性。

在对话历史记录区中，可以通过单击任意一条对话记录进行切换，查看该条对话内容。当鼠标指针悬浮在任意一条对话记录所在的位置时，会显示···按钮，单击该按钮，在弹出的菜单中，可以对该条对话进行操作，包括【重命名】、【置顶此对话】、【分享此对话】、【批量管理】及【删除此对话】命令，如下图所示。

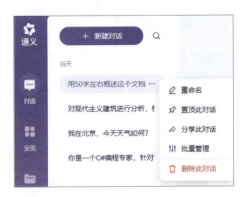

　　除了单击菜单中的命令进行批量管理外，还可以单击对话历史记录区下方的【管理对话记录】按钮，如下图所示。

　　弹出【管理对话记录】对话框，可以批量勾选要删除的对话记录，然后单击【删除所选】按钮，即可进行批量删除，如下图所示。

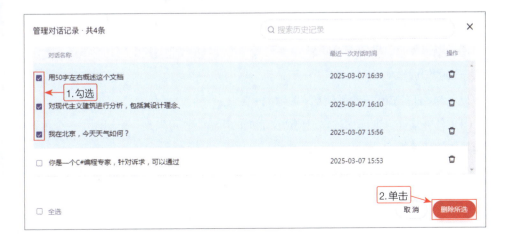

1.4 提示词的运用

在通义中，提示词扮演着至关重要的角色，它是用户与通义进行交互的桥梁，熟练掌握提示词的运用，可以更好地使用通义，并获取期望的信息。

1.4.1 提示词是什么

在通义中，提示词是一种通过自然语言（即我们日常使用的语言）向通义发出的请求或指派的任务。提示词可以是简单的问题，如"今天北京的天气怎么样？"也可以是复杂的创作要求，如"请帮我写一首关于春天的诗歌"。

通过提示词，用户可以清晰地表达自己的需求，而通义可以基于提示词，利用其自然语言处理能力和深度学习技术，快速、准确地生成相应的回答或内容。简单来说，提示词就是用户告诉通义想要它做什么。用户只需要用自然语言清晰地表达需求，通义就会尽力去理解和执行用户的提示词，然后给出相应的回答或内容。

因此，熟练掌握并有效运用提示词，将显著提升用户与通义之间的交互效率与便利性，使用户能够更加轻松地获取信息、创作内容、执行各类任务。

1.4.2 如何构建优秀的提示词

优秀的提示词不仅能使通义更精确地理解用户的意图和需求，从而提升交互效率，还能确保用户精确地获取所需信息。反之，不好的提示词可能会耗费用户大量的时间，而让用户仍然无法获得期望的内容。

1. 提示词的组成结构

提示词=任务描述+参考信息+关键词+要求。

（1）任务描述：准确描述你想要通义完成的事情。这可以是一个问题、一个主题或一个具体的任务等。

（2）参考信息：如果有背景资料、上下文信息等，最好在提示词中提供，这有助于通义更好地理解你的需求。

（3）关键词：提示词中应该包含通义需关注的关键信息或问题，以使通义更好地理解任务并产生合适的输出。

（4）要求：明确列出所有特殊要求、限制条件或偏好，如字数限制、特定格式、使用某种语言或编程风格、遵循特定的创意方向或具有特定的情感色彩等。在实际操作中，可以补充更多的内容信息，如指定通义扮演的角色、提供示例等。

2. 不好的提示词示例

在了解了提示词的组成结构后，下表列举了一些不好的提示词示例，帮助读者理解。

不好的提示词示例

提示词	存在的问题
生成一篇文章	缺乏任务描述和关键信息，通义不清楚要生成什么样的文章
阅读这篇文章并给出意见	缺少具体的任务说明和期望的输出类型
讨论AI的风险	缺乏明确的关键问题或指导，通义可能会产生广泛而不切实际的输出
生成一张图片	提示词过于模糊，没有说明所需的图片内容或类型
写一段对话	缺乏任务背景和关键信息，通义无法确定对话的主题或背景

3. 优秀的提示词示例

例如，希望用通义写一段关于环境保护的对话，下面提供一个优秀的提示词示例，供读者参考。

- **任务描述**：生成一段对话，讨论环境保护的重要性和可行性，并提出方案。
- **参考信息**：环境问题包括气候变化、污染、资源浪费等。
- **关键词**：环境保护、气候变化、污染、资源浪费。
- **要求**：对话应该包含至少两位参与者，每位参与者至少提出两个保护环境的方案。对话的总字数为500~800字。

将这些内容汇总成一段完整的提示词，提示词如下。

生成一段对话，讨论环境保护的重要性和可行性，并提出方案。在对话中，至少两位参与者需每人提出至少两个保护环境的方案。同时，详细探讨环境保护、气候变化、污染、资源浪费等问题，并给出不同的观点和意见。请确保对话的总字数为500~800字。

1.4.3　巧用指令中心，小白也能变高手

通义的指令中心汇集了丰富、优秀的提示词，覆盖多种应用场景与需求，旨在为用

户提供便捷、高效的实用技巧指导。无论是职场工作、学术研究还是日常生活，这些提示词均能提供精准、有针对性的帮助与支持。

步骤 01 在输入框中输入"/"或单击其右侧的【指令中心】按钮，如下图所示。

步骤 02 在页面右侧会弹出【指令中心】窗格，其包含【自定义】、【办公助理】、【AI作画】等分类，如下图所示。

步骤 03 选择一个分类，单击该分类中的一个提示词，预设的提示词将自动填充到输入框中，用户可以根据需求对输入框中的内容进行修改，然后单击【发送】按钮◁，如下页上图所示。

步骤 04 通义会根据提示词生成相关内容，如下页中图所示。

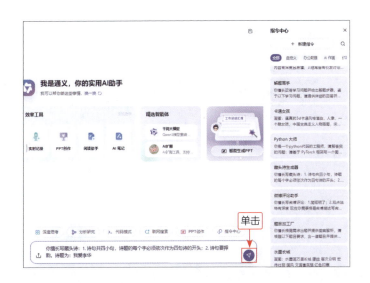

另外，用户还可以根据需求新建提示词内容，具体操作步骤如下。

步骤01 在【指令中心】窗格中，单击【新建指令】按钮，如下图所示。

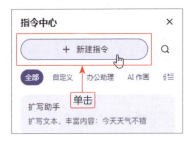

步骤02 弹出【编辑指令】对话框，输入提示词标题和提示词内容，单击【保存】按钮，即可新建一条提示词，如下页图所示。

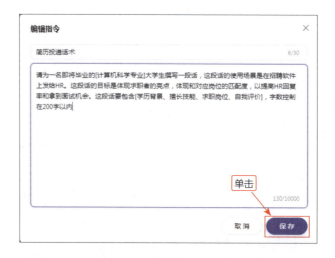

步骤**03** 该条提示词会显示在【自定义】分类下，如下图所示，当需要使用时，单击该提示词即可。

1.5 智能体的运用

智能体在通义中扮演着至关重要的角色，它们能够执行多种复杂的任务，从而提升通义的智能化水平。本节将主要讲解智能体的运用。

1.5.1 了解智能体

智能体是一种高度智能化的交互系统，它们可呈现为综合型或专业型两种形态。综合型智能体具备多元化的功能，包括但不限于问答、文案撰写、图片生成及搜索摘要等。

而专业型智能体，如写作助手、陪聊伙伴、英文练习工具及游戏攻略指南等，则为特定需求提供精准服务。

随着AI的快速发展，智能体的应用场景越来越广泛，它们能够针对不同的垂直领域（例如教育辅导、医疗咨询、法律服务等）进行定制化开发，为用户提供高效、便捷的解决方案。

在通义中，单击侧边栏中的【发现】按钮，进入【发现智能体】页面，即可看到通义预设的智能体，包含【绘图】、【实用】、【娱乐】、【学习】、【职场】等分类，如下图所示。

1.5.2 与智能体进行对话

在了解了什么是智能体后，用户可以使用通义预设的智能体，体验它们的交互功能，具体操作步骤如下。

步骤 01 在【发现智能体】页面中，选择需要使用的智能体。例如，选择【数字猜猜乐】智能体，如下页上图所示。

步骤 02 进入该智能体对应的页面，用户可以单击它推荐的提示词，如下页下图所示。

步骤 03 与该智能体进行互动，如下页上图所示。

步骤 04 当智能体被使用之后，它会显示在【发现智能体】下方，如下页下图所示。用户下次需要使用该智能体时直接单击即可。

1.5.3 创建专属的智能体

用户能够依据自身的具体使用需求，创建专属的智能体，满足自己的个性化需求，提升智能交互体验。

1. 基于模板进行创建

步骤01 在【发现智能体】页面，单击【创建智能体】按钮，如下页上图所示。

步骤02 进入【创建智能体】页面，该页面包含【创意工作室】和【基础模板】两个分类，其中【创意工作室】可以创建文生图、文生视频等多模态的智能体，而【基础模板】可以创建日常对话和基本互动的智能体。下面以选择【创意工作室】分类中的【图文壁纸】模板为例，单击【使用模板】按钮，如下页下图所示。

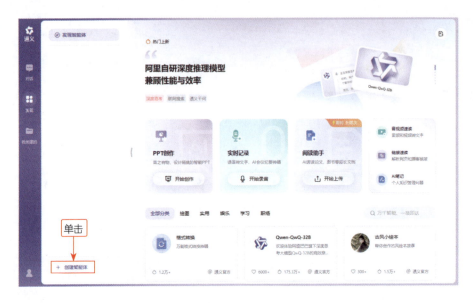

步骤03 进入设置页面,可以设置智能体的【名称】、【创作模板】、【权限】等,下方的【高级设置】可以设置【开场白】、【智能体简介】等,默认可不进行设置。设置【名称】后,单击【创作模板】下方的【待配置】按钮,如下页图所示。

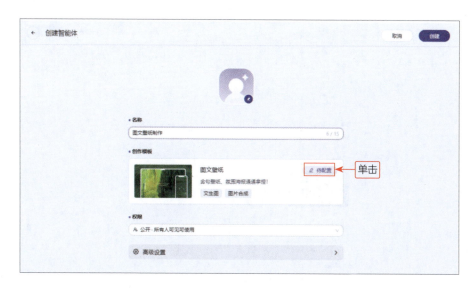

步骤 04 进入【图文壁纸】页面，设置模板的配置，如【文案风格】、【图像风格】、【内容比例】、【布局模板】及【标题字体】等，单击【保存】按钮，如下图所示。

步骤 05 返回设置页面，单击【创建】按钮，如下页图所示。

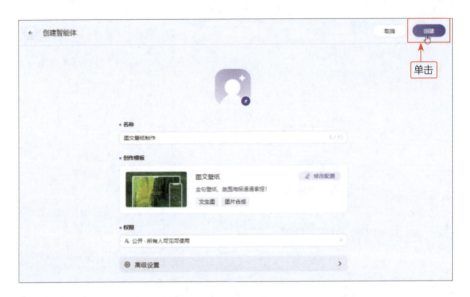

步骤06 创建完成后，会进入和该智能体的对话页面，如下图所示。

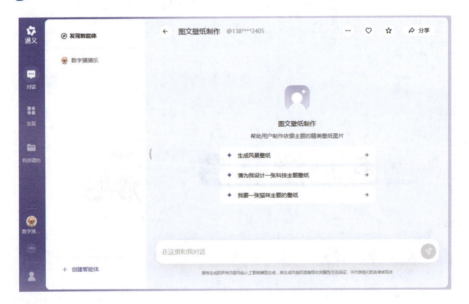

2.自由配置

步骤01 在【创建智能体】页面，单击【自由创建】按钮，进入下页图所示页面，用户可以自定义【名称】、【设定】及【权限】等。

步骤 **02** 在【名称】输入框中输入一个智能体名称，然后单击【一键生成】按钮，如下图所示。

提示： 用户也可以根据自己的需要，按格式对智能体进行设定。

步骤 **03** 通义即可自动生成与名称相符的【设定】内容，用户还可以根据需求对其进行修改和补充，如下页图所示。

步骤**04** 用户可以自定义智能体的头像。单击头像右下角的 🖉 按钮，在弹出的菜单中，选择上传方式。下面以选择【AI头像生成】选项为例，如下图所示。

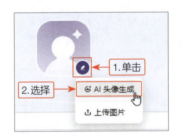

步骤**05** 在弹出的【AI头像生成】对话框中，可以单击【一键生成】按钮，通义会根据智能体名称生成头像，也可以在【头像描述】中输入内容，再单击【生成头像】按钮，如右图所示。

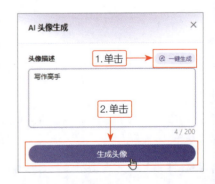

步骤 06 通义即可生成头像，用户如果不满意，可以单击【换一批】按钮，通义将重新生成新的头像。用户如果满意，选择一个头像，单击【确定】按钮，如下图所示。

步骤 07 返回【创建智能体】页面，单击【创建】按钮，即可完成创建，如下图所示。

第2章

职场提效：通义职场加速器

　　在快节奏的职场环境中，效率往往决定成败。本章将深入探讨通义如何成为职场人士的加速器，通过智能化的工具和策略，助力职场人士在各种工作场景中实现效率的提升。从公文写作到商业分析，从会议助手到沟通协作，通义以其先进的技术，为职场提效开辟了新天地。让我们一同探索通义如何重塑我们的工作方式，引领我们迈向更高效、更智能的职场未来。

2.1 文本润色与改写

通义以其精准的语言处理能力，为文本润色与改写提供了强大的支持。本节将展示如何利用通义优化文本表达，提升沟通效率，确保信息传递的准确性与专业性。

2.1.1 实战：润色文本

在职场中，清晰、精练且富有吸引力的书面表达是提升职场人士专业形象的关键。润色文本不仅能够提升文档的质量，还能够更有效地传达信息，提升阅读者的体验。

场景

李华是一名市场部的高级分析师，她正撰写一份关于品牌市场定位优化策略的报告，旨在向领导展示如何通过调整市场定位来吸引更多目标客户。为了使报告更具说服力，李华希望对文字进行润色，使其更加流畅、逻辑性更强，帮助领导迅速把握核心观点，认识到市场定位优化对于品牌成长的重要性。

提示词

请润色以下文本，保证语言流畅、逻辑严密、重点突出、表述准确。

文本：品牌市场定位的优化是一项复杂而细致的工作，它涉及对现有市场环境的深入分析，以及对未来趋势的准确预测。通过不断调整品牌市场定位，可以更好地满足目标客户的需求，吸引新的消费者，从而实现销售的增长和市场份额的扩大。因此，制定科学合理的市场定位优化策略，对品牌的长期发展具有极其重要的意义。

回答

品牌市场定位的优化是一项既复杂又精细的任务，不仅要对现有的市场环境进行深入分析，还要对未来的发展趋势做出准确预测。通过持续的品牌市场定位调整，可以更精准地满足目标客户的需求，吸引新客户，进而推动销售的增长和市场份额的扩大。因此，构建一套科学合理的市场定位优化策略，对品牌的长远发展至关重要。

通过运用上述方法，用户能够向通义提供需要润色的文本或文档，并提供明确的提示词。同时，用户也可以补充指定文本风格（如正式、活泼、口语化等）或具体的应用需求（如汇报、演讲、通知等），以便通义更精确地润色文本。

2.1.2 实战：改写文本

改写文本是职场写作中不可或缺的技能，可分为扩写文本和缩写文本。扩写文本能够帮助我们丰富文本的内容，提供详尽信息；而缩写文本则能在保持文本原意的基础上，精简表达，提高信息传递效率。本小节以扩写文本为例进行展示。

场景

小丽是一家电子商务公司的市场总监，她负责举办了一次成功的营销活动。活动结束后，她需要将一个简短的活动总结扩写成一份详细的报告，以便在公司的季度会议上展示。

提示词

请将以下简短的活动总结扩写为一份详细的活动总结报告，字数在1000字左右。

"在今年的'双十一'购物节期间，我们公司成功推出了'超级优惠'促销活动。活动期间，我们提供了多种折扣和优惠券，吸引了大量新用户，销售额比去年同期增长了40%。用户满意度调查结果显示，85%的用户对本次活动表示满意。未来，我们将继续优化活动方案，提升用户体验。"

回答

"双十一""超级优惠"促销活动总结报告

一、活动背景

每年的"双十一"购物节是中国乃至全球最大的线上购物节，各大电商平台都会推出各种促销活动，吸引消费者购买。为了抓住这一商机，我司精心策划并成功实施了"超级优惠"促销活动，旨在通过一系列优惠措施，提升销售额，扩大市场份额，增强品牌影响力。

二、活动目标

......

六、未来规划

基于本次活动的成功经验，我们的未来计划如下。

- 优化活动方案：根据用户反馈，进一步优化活动方案，提供更多个性化的优惠措施。

- 提升用户体验：继续优化平台功能，提供更加便捷和个性化的购物体验。
- 拓展市场：探索新的市场机会，通过更多的营销渠道，扩大品牌影响力。
- 利用数据分析：建立完善的数据分析体系，持续跟踪用户行为和市场变化，为未来的营销决策提供支持。

使用通义扩写文本和缩写文本时，需注重保持文意准确、逻辑连贯、语言自然流畅，并考虑语境和受众的需求。在必要情况下，可采取多次对话交流，并适时进行人工校正，以提升最终生成的文本的品质。

提示词进阶

扩写文本和缩写文本时，提示词应明确目的、提供足够背景信息，提示通义保留原文关键要点，并确保逻辑连贯与语言流畅。例如：

- 扩写文本提示词：请将以下文本扩写成一篇200字左右的文章，保持原文温馨的基调，并添加具体细节来丰富内容。
- 缩写文本提示词：请将下文精简至100字以内，确保概述中完整包含原文的关键要点、核心论述及最终结论，保持信息的准确性与完整性。

2.2 公文写作

在公文写作领域，通义的智能辅助功能能够显著提高公文的专业度和规范性。本节将探讨通义如何协助职场人士快速生成各类公文，确保内容的严谨与准确。

2.2.1 实战：行政通知

行政通知是公司内部沟通的重要工具，用于传达公司政策、重要事项、会议安排等信息。一份清晰、准确的行政通知能够确保信息的有效传递，提高工作效率。

场景

小张是公司的人事专员，需要向全体员工发布一份关于公司内部培训的通知。此次培训旨在提升员工的专业技能和团队协作能力，对公司的长远发展具有重要意义。

提示词

请生成一份行政通知，内容包括：①培训的主题、目的和重要性；②具体的时间和地点；③培训日程；④参会人员的准备工作要求；⑤培训联系人及联系方式。请使用正式、礼貌的语言风格，并确保信息准确无误。

回答

公司内部培训通知

尊敬的各位同仁：

你好！

为了进一步提升团队的专业技能和服务水平，加强员工之间的沟通与协作，我们计划举办一场主题为"服务创新与团队协作"的培训活动。本次培训旨在通过专业讲师的指导，帮助大家掌握最新的服务理念和技术，同时增强团队合作意识，以更好地适应市场变化，推动公司的持续发展。我们诚挚地希望每一位同事都能积极参与，共同为公司的未来贡献智慧和力量。

【培训详情】

主题："服务创新与团队协作"。

目的：提升个人专业能力，强化团队协作精神，促进公司业务发展。

……

感谢你的配合与支持！

祝工作顺利，生活愉快！

【公司名称】

人力资源部

2024 年 11 月 1 日

行政通知的撰写需注重信息的准确性和完整性，确保所有关键信息一目了然。通过通义生成通知模板后，用户可以根据实际情况进行调整，确保通知的适用性和有效性。

提示词进阶

在使用通义撰写行政通知时，构建提示词应注重通知的完整性和明确性，确保通知包含所有必要的信息。例如，可以提供更详细的日程安排和准备工作要求，以帮助参与者更好地准备和参与培训。例如：

请帮我撰写一份行政通知，用于通知全体员工参加公司内部培训。通知需要包括以下内容：①培训的主题为"提升专业技能与团队协作能力"，目的是帮助员工提升职业技能和团队协作能力；②培训时间为 2024 年 11 月 1 日上午 9:00，地点为公司大会议室；③培训日程包括开场致辞、技能培训、团队建设活动和总结发言；④要求所有参会人员提前 15 分钟到达会场，并携带笔记本和笔；⑤联系人为人事部小张，联系电话为123456789。请确保通知内容正式、礼貌，并且易于理解。

2.2.2 实战：季度销售总结报告

季度销售总结报告是评估销售团队业绩、分析市场趋势和制定下一步策略的重要依据。一份翔实、客观的总结报告，能够为企业的发展提供有力的数据支持。

场景

张经理是某公司的销售部经理，他需要准备一份季度销售总结报告，向公司高层汇报本季度的销售业绩、市场分析及未来规划。

提示词

请帮我撰写一份季度销售总结报告。报告需包含：①销售数据概览，包括总销售额、增长率等关键指标；②市场分析，包括竞争对手动态、客户需求变化等；③成功案例分享，总结本季度的亮点项目；④问题与挑战，分析当前面临的困难及原因；⑤未来规划，提出下季度的销售目标及策略。

回答

2024年第三季度销售总结报告

尊敬的各位领导及同事：

随着2024年第三季度的圆满结束，我们再次取得了令人鼓舞的成绩。本报告旨在回顾过去3个月的工作成果，深入分析市场环境，分享成功经验，并探讨当前面临的问题与挑战，最后提出下季度的销售目标与策略，以期为未来的销售工作提供参考。

一、销售数据概览
- 总销售额：本季度总销售额为1.2亿元，较上一季度增长了15%。
- 增长率：与去年同期相比，销售额增长率达到20%，显示出强劲的增长势头。
- 主要产品/服务表现：A系列产品的销售额占比最高，达到45%，同比增长22%；B系列产品紧随其后，占比30%，增长率为18%。

……

- 优化供应链管理，降低成本，提高效率。
- 深入了解客户需求，提供更多个性化、定制化的产品。

我们相信，在全体成员的共同努力下，一定能够克服眼前的困难，取得更加辉煌的成绩。让我们携手并进，共创美好未来！

季度销售总结报告的撰写须确保数据的准确性和分析的深入性，以提供全面、客观的总结。通过通义生成报告模板后，用户可以根据实际情况填充具体数据和分析内容，确保报告的完整性和专业性。

提示词进阶

在构建提示词时，应明确报告的具体内容和范围，确保对报告的每个部分都有详细的指导。例如，可以提供具体的财务数据和分析方法，以帮助通义生成更精确的报告。例如：

请帮我撰写一份年度财务报告，用于向董事会汇报公司2024年的财务状况。报告需要包括以下内容：①财务概况，总结公司全年的收入、净利润、总资产等关键财务指标；②经营成果分析，对比2023年同期数据，分析收入和利润增长或下降的原因；③风险管理报告，识别并评估公司在财务、市场、运营等方面临的主要风险及应对措施；④未来财务预测，基于当前市场环境和公司战略，预测2025年的财务状况，包括收入、利润和现金流等；⑤结论与建议，总结2024年的工作亮点，提出改进财务管理和提高盈利能力的具体建议。请确保数据准确、分析深入、语言严谨。

（将财务数据文档拖曳至输入框）

2.2.3 实战：项目洽谈会邀请函

项目洽谈会邀请函是邀请合作伙伴或客户参加项目洽谈会的重要文件。一封正式、专业的邀请函能够展现公司的专业形象，提升对方的参与意愿。

场景

小王是一家科技公司的项目经理，负责与某公司签订一份为期一年的软件开发合同。为了确保项目的顺利推进，他需要邀请对方公司相关人员参加一次项目洽谈会，讨论项目需求、时间表和合作细节。

提示词

请帮我撰写一封项目洽谈会邀请函，用于邀请对方公司参加项目洽谈会。邀请函需要包括：①洽谈会的主题和目的；②洽谈会的具体时间和地点；③洽谈会的议程；④强调受邀者在项目中的重要性；⑤提供负责人的联系方式；⑥表达对受邀者参与的热切期望和感谢。请确保邀请函内容正式、礼貌，并且能够激发受邀者的参与兴趣。

回答

项目洽谈会邀请函

尊敬的[受邀方公司名称]：

你好！

首先，感谢贵公司长期以来对我们公司的支持与信任。为了深化双方的合作关系，共同探索新的合作机会，我们计划于近期举办一次主题为"携手共进，共赢未来"的项目洽谈会。此次洽谈会旨在搭建一个开放交流的平台，让双方能够就当前合作项目进展、未来发展方向及潜在合作领域进行深入探讨，共同寻找合作的新增长点。

- 主题："携手共进，共赢未来"。
- 目的：加深了解，拓宽合作领域，促进双方共同发展。
- 时间：2024年11月25日（周一）9:00至17:00。
- 地点：[具体地址]，[城市名]国际会议中心。

……

我们衷心希望能与贵司在此次洽谈会上达成更多共识，开启合作的新篇章。期待着你的光临，相信这将是一次充满机遇与挑战的美好旅程。再次感谢你对本次活动的支持与关注，预祝洽谈会圆满成功！

顺祝商祺！

【公司名称】

【发件人姓名】

【职位】

【联系方式】

2024年11月10日

通过通义生成邀请函模板后，用户可以根据实际情况进行调整，确保邀请函的准确性和针对性。

提示词进阶

在构建提示词时，应注重邀请函的正式性和专业性，明确邀请的目的和受邀者的重要性。例如，可以提供更详细的议程安排和参与要求，以帮助受邀者更好地准备和参与洽谈会。例如：

请帮我撰写一封项目洽谈会邀请函，用于邀请某大型企业参加我们即将举行的软件开发项目洽谈会。邀请函需要包括以下内容：①洽谈会的主题为"软件开发合作洽谈"，目的是讨论项目需求、时间表和合作细节；②洽谈会时间为2024年11月15日上午10:00，地点为国际会议中心；③议程包括开场致辞、项目需求讨论、时间表确认、合作细节商讨和总结发言；④强调受邀者在项目中的重要性，肯定他们在技术开发和项目管理方面的专业能力；⑤提供负责人的联系方式；⑥表达对受邀者参与的热切期望和感谢。请确保邀请函内容正式、礼貌，并且能够激发受邀者的参与兴趣。

2.2.4 实战：新市场拓展计划书

新市场拓展计划书是企业进入新市场的战略规划文件，它详细描述了市场调研结果、目标市场选择、竞争分析、营销策略等内容，不仅能够明确市场定位、规划营销策略，还能够指导团队有序开展工作，降低企业面临的风险。一份详尽、可行的新市场拓展计划书能够为企业提供明确的方向和操作指南。

场景

王华是市场部的一名高级分析师，公司计划进入一个新的国际市场。为了确保项目的顺利推进，他需要撰写一份新市场拓展计划书，分析目标市场的潜力，制定详细的市场进入策略。

提示词

请帮我撰写一份新市场拓展计划书。计划书应包括：①市场背景和调研结果；②目标市场的选择和理由；③竞争分析，包括主要竞争对手的优劣势；④营销策略，包括产品定位、价格策略、渠道选择、促销活动等；⑤预算和时间表；⑥风险评估和应对措施。请确保内容翔实、逻辑清晰、语言专业。

回答

新市场拓展计划书

一、市场背景与调研结果

随着全球经济一体化进程的加速，新兴市场逐渐成为各行业关注的焦点。最新市场调研报告显示，[目标国家/地区]因其人口基数庞大、经济快速增长以及消费水平不断提升等因素，展现出巨大的市场潜力。特别是[具体行业]领域，近年来市场需求呈现出爆发式增长态势，预计未来几年内将持续保持两位数的增长率。然而，目前该市场仍处于初级发展阶段，存在较大的发展空间和机会。

……

- 法律法规限制：深入了解目标市场的法律法规，确保所有经营活动合法合规。
- 供应链不稳定：建立多元化的供应链体系，减少对单一供应商的依赖，提高供应链韧性。

我们坚信，通过精心策划和不懈努力，本次市场拓展计划定能取得预期成效，为公司带来新的发展机遇。希望本计划书能为你提供有价值的参考，期待你的宝贵意见和建议。

在撰写计划书时，应充分考虑市场背景、目标市场定位、营销方案、预算、资源配置及风险评估等关键要素，确保计划书的全面性和可行性。

提示词进阶

在构建提示词时，应明确计划书的具体内容和范围，确保对计划书的每个部分都有详细的指导。例如，可以提供具体的市场调研数据和竞争分析方法，以帮助通义生成更精确的计划书。例如：

请根据市场调研数据，帮我撰写一份新市场拓展计划书，用于指导公司进入东南亚市场。计划书需要包括以下内容：①市场背景和调研结果，包括东南亚市场的经济状况、消费者行为、市场规模等；②目标市场的选择和理由，选择新加坡和马来西亚作为首批进入的市场，理由包括市场潜力大、消费者购买力强等；③竞争分析，包括主要竞争对手的市场份额、产品特点、优劣势等；④营销策略，包括产品定位为高端产品定价策略为溢价策略、渠道选择为线上和线下结合、促销活动为限时折扣和赠品活动等；⑤预算和时间表，预计投入100万美元，分阶段实施，第一阶段为市场调研和产品本地化，第二阶段为产品推广和渠道建设；⑥风险评估和应对措施，包括政策风险、汇率风险、文化差异风险等，以及相应的应对措施。请确保内容翔实、逻辑清晰、语言专业。

（将调研数据文档拖曳至输入框）

2.3 营销策划

在激烈的市场竞争中，营销策划是吸引客户、提升品牌影响力的重要环节。本节将探讨如何利用通义来撰写具有吸引力的营销策划文案。

2.3.1 实战：品牌推广方案

通过精准定位目标市场，结合创新的推广手段，可以显著提升品牌的知名度和美誉度。本小节将展示如何利用通义生成一套详细的品牌推广方案，帮助企业实现营销目标。

场景

> 李明是某品牌公司的营销总监。该品牌以"科技赋能人性化居住"为核心理念，计划通过首款旗舰产品"智居生态系统"打开高端市场。为建立品牌认知度与美誉度，需制订整合性品牌宣传方案，为后续产品矩阵铺路。

提示词

> 你是一位专业的品牌推广策划师。请为"智居生态系统"品牌设计一套整合性的品牌宣传方案。该品牌以"科技赋能人性化居住"为核心理念，主要受众为高端市场的消费者，年龄为18~35岁，注重生活品质和技术含量。请确保推广方案充分利用10万元的资金预算，并考虑结合线上线下渠道进行推广。

回答

"智居生态系统"品牌整合性宣传方案

一、核心理念与目标群体分析

● 核心理念：科技赋能人性化居住。强调通过先进的技术手段提升生活品质，使家居环境更加智能、便捷和舒适。

● 目标群体：18~35岁注重生活品质和技术含量的高端市场消费者。他们追求个性化的生活方式，愿意为高质量的产品和服务支付溢价。

二、线上线下结合推广策略

1.线上推广

（1）社交媒体营销（预算：4万元）

利用微博、微信公众号、抖音等平台发布关于"智居生态系统"的介绍视频和图文内容，突出产品功能和用户体验。

（2）发起互动话题挑战或竞赛，如"我的梦想智能家居"，鼓励用户分享自己的智能家居创意，增加品牌的曝光率和参与感。

……

四、效果评估

● 定期监测各项指标的变化情况，包括但不限于网站流量、社交媒体上的点赞数、评论量、分享次数以及销售额的增长幅度等。

● 根据数据反馈及时调整推广策略，确保每一笔投入都能带来最大的回报。

通过上述方案的实施，预期能够让目标消费者建立起对智能家居系统的认知，提升产品销量，同时塑造智能、便捷、安全的品牌形象。使用通义生成的品牌推广方案，不仅准确传达了公司的创新理念，还有效吸引了目标消费者的关注。

提示词进阶

在使用通义生成品牌推广方案时，构建提示词应注意明确目标消费者和品牌定位，准确阐述产品或品牌的独特性，具体化推广策略和预算规划等，同时可以给出一定的创意方向，供通义参考。例如：

请帮我制订一套品牌推广方案，用于推广全新智能家居系统。方案需要包括：①目标消费者分析，包括年龄、收入水平、消费习惯等；②品牌定位，强调产品的智能化、便捷性和安全性；③推广策略，包括至少两种线上和线下的推广方式，同时考虑成本效益；④预算规划，不超过20万元，优先考虑投资回报率（ROI）高的渠道；⑤效果评估，设定关键绩效指标（KPI），如品牌曝光度、网站流量、销售转化率等。请确保方案新颖且符合我们的品牌形象，同时考虑如何与消费者建立情感联系。

2.3.2　实战：创意广告语

一句有创意的广告语能够简洁有力地传递产品的核心卖点，给消费者留下深刻印象。使用通义可以创作出既吸引人又易于记忆的广告语，有效提升广告的传播效果。

 场景
> 王芳是一家饮料公司的营销经理，她需要为即将上市的新款果汁饮料创作一句创意广告语。该广告语需要突出产品的天然成分和健康理念，同时吸引年轻消费者的关注。

 提示词
> 请帮我创作一句创意广告语，用于推广新款果汁饮料。广告语需要突出产品的天然成分和健康理念，简洁有力，易于记忆。

 回答
> "源自大自然的甘甜，每一口都是健康的滋味。"
> 这句广告语不仅突出了产品的天然成分和健康理念，还传递出一种清新自然的感觉，易于引起消费者的共鸣。简洁有力的语言有助于突出记忆点，适合用于各种宣传材料。

利用通义可以根据产品特点和品牌定位快速生成创意广告语，为产品宣传提供有力的支持。

 提示词进阶
> 在构建创作创意广告语的提示词时，应注重明确产品的核心卖点和目标受众，提供明确的语言风格要求。此外，可以结合品牌形象或市场定位，给出一些创意方向或关键词，供通义生成广告语时参考。例如：
> 请帮我创作一句创意广告语，用于推广新款健康果汁。广告语需要突出"天然""健康""活力"等关键词，同时符合我们品牌年轻、时尚的形象。

2.3.3　实战：市场营销计划

市场营销计划是企业实现销售目标、提升市场份额的重要工具。借助通义，我们可以根据市场趋势、竞争对手等因素，快速生成全面且具有创意的市场营销计划。

 场景
> 某运动品牌计划在夏季举办一场户外运动推广活动，旨在吸引年轻消费者体验品牌的新款运动鞋，并鼓励他们分享自己的运动经历。为此，品牌方需要制订一份全面的市场营销计划。

提示词

请帮我撰写一份市场营销计划书，用于推广品牌的新款运动鞋。活动需要包括：①目标受众分析，明确年龄、性别、消费习惯等；②活动场地和时间安排，场地为商场中庭，时间为周末；③活动主题，突出运动鞋的独特功能和品牌形象；④活动流程安排，详细描述各个环节；⑤宣传推广策略，包括线上线下的推广方式；⑥预算规划，明确各项费用支出；⑦效果评估，设定关键绩效指标，如活动参与人数、产品咨询量、销售转化率等。请确保方案具有创新性和可执行性，能够吸引目标受众的关注。

回答

营销计划书：新款运动鞋推广活动

1. 目标受众分析

- 年龄：15~35岁，这一年龄段的消费者对新鲜事物充满好奇，更愿意尝试新产品。
- 性别：男女皆宜，但市场调研显示，男性消费者对运动鞋的需求略高于女性。
- 消费习惯：偏好在线购物，但同样重视实体店体验，尤其是对于新品牌或新产品，他们更倾向于先试后买。此外，这部分群体对运动和健康生活方式有较高追求，容易受到社交媒体影响。

......

7. 效果评估

- 活动参与人数：预计在1000人次以上。
- 产品咨询量：活动现场收集至少500份有效联系方式。
- 销售转化率：活动期间及之后一周内，实现至少100双运动鞋的销售。
- 社交媒体互动量：活动相关帖子总阅读量超过100万次，评论、点赞、转发数不低于5000条。

通过上述方案的实施，能够提升品牌知名度，加深消费者对新产品的印象，促进销售量增长，并建立良好的品牌形象。

　　使用通义生成的市场营销计划，不仅准确传达了品牌的运动理念，还有效吸引了目标受众的关注。

提示词进阶

　　在使用通义生成市场营销计划时，构建提示词应注意明确市场背景和调研结果，具体化目标市场选择和理由，详细描述竞争分析和营销策略，同时考虑预算和时间表，以及效果评估。例如：

　　请帮我制订一份健康饮料的市场营销计划。计划需要包括：①市场背景和调研结果，包括目标市场的经济状况、消费者行为、市场规模等；②目标市场的选择和理由，选择北上广深作为目标市场，理由包括市场潜力大、消费者健康意识强等；③竞争分析，包括主要竞争对手的市场份额、产品特点、优劣势等；④营销策略，包括产品定位为高端产品，定价策略为溢价策略，渠道选择为线上和线下结合，促销活动为限时折扣和赠品活动等；⑤预算和时间表，预计投入50万元，分阶段实施，第一阶段为市场调研和产品本地化，第二阶段为产品推广和渠道建设；⑥效果评估，设定关键绩效指标，如品牌曝光度、网站流量、销售转化率等。请确保内容翔实、逻辑清晰、语言专业。

2.3.4 实战：PAS营销文案

PAS（Problem-Agitate-Solve，问题-激发-解决）是一种有效的文案写作技巧，通过识别问题、激发痛点和提供解决方案，引导消费者采取行动。通过通义可以生成具有说服力的PAS营销文案，有效提升销售转化率。

场景

张伟是一家在线教育公司的市场经理，公司即将推出全新的编程课程。为了吸引潜在学员报名，张伟需要编写一段PAS营销文案，引导学员报名参加课程解决学习编程过程中的困难。

提示词

请帮我编写一段PAS营销文案，用于推广全新的编程课程。文案需要：①识别问题，指出学员在学习编程过程中可能遇到的问题，如缺乏系统学习资源、自学难度大等；②激发痛点，强调这些问题给学员带来的困扰，如浪费时间、失去兴趣等；③提供解决方案，介绍我们的编程课程如何帮助学员解决这些问题，如提供系统的学习计划、实战项目、专业导师指导等；④呼吁行动，鼓励学员立即报名参加课程，享受优惠。请确保文案具有说服力，语言生动，能够引起学员共鸣。

回答

编程之路，从这里开始

在数字时代，掌握编程技能已经成为职场竞争中的"硬通货"。然而，面对浩瀚的编程知识海洋，很多初学者会感到迷茫和无助。你是否曾经因为找不到合适的学习资料而感到困惑？是否在自学过程中遇到瓶颈，感觉进步缓慢甚至停滞不前？又或者，在尝试解决实际问题时，发现理论与实践之间存在着难以逾越的鸿沟？

我们知道，缺乏系统性的学习路径和有效的实践机会是许多编程爱好者面临的共同难题。这不仅消耗了大量的宝贵时间，还极易导致学习兴趣的消退，让人倍感挫败。但是，现在有了改变这一切的机会！

……

【立即行动】单击链接了解更多详情，并领取专属优惠：[课程链接]。让我们一起，用代码创造无限可能！

这段文案旨在通过揭示编程学习中的常见问题，激发潜在学员的共鸣，然后展示我们的课程解决这些问题的优势，最后以一个具体的行动号召结束，鼓励潜在学员积极报名参与。希望这能帮助到你！

这段PAS营销文案通过识别问题、激发痛点和提供解决方案，有效地引导潜在学员采取行动，报名参加编程课程。使用通义生成的PAS营销文案不仅准确传达了课程的优势，还有效激发了潜在学员的学习兴趣和行动意愿。

提示词进阶

在构建编写PAS营销文案的提示词时，应注重明确产品解决的问题，准确阐述产品的优势，并提供具体、可行的解决方案。此外，可以结合目标受众的需求和痛点，给出一些文案风格和语言风格的建议，供通义生成文案时参考。例如：

你是一位PAS营销文案专家。请根据以下要求为我创作一段关于新款智能门锁的推广文案：①问题：指出用户在使用传统门锁时可能遇到的问题。②风格：轻松。③目标：引起关注、提高知名度、建立品牌形象。④受众：年轻消费者。⑤文案内容：突出我们产品的技术优势，如远程控制、指纹识别等。⑥解决方案：提供具体、可行的解决方案。⑦关键词：高效、便捷、实用。⑧市场类型：企业对企业（B2B）市场。请确保文案内容符合以上要求，并尝试突出以下关键词：高效、便捷、实用。同时，请注意文案的吸引力和可读性。

2.4 商业分析

商业分析对于企业的战略决策至关重要，准确的分析能够为企业带来竞争优势。本节将介绍通义如何辅助撰写商业计划书、进行消费者心理分析、评估营销效果及执行4P营销分析，帮助企业洞察市场趋势，优化商业策略，推动业务增长。

2.4.1 实战：商业计划书

撰写商业计划书是企业规划和吸引投资的关键。借助通义，可以快速生成包含市场分析、产品介绍、营销策略、财务预测等内容的计划书，确保逻辑清晰、数据翔实，有效展示企业的核心竞争力和发展潜力。

场景

> 某公司专注于开发智能家居解决方案，为了吸引投资者的关注，李华需要撰写一份全面的商业计划书，涵盖市场背景与调研结果、产品介绍、营销策略、运营计划、财务预测和风险管理等内容。

提示词

> 请帮我撰写一份智能家居解决方案的商业计划书。计划书应包括：①市场背景与调研结果，包括智能家居市场的现状、发展趋势和消费者需求；②产品介绍，详细描述公司的智能家居解决方案及其核心竞争力；③营销策略，包括目标市场定位、渠道选择、促销活动等；④运营计划，包括生产流程、供应链管理、团队结构等；⑤财务预测，提供未来3年的收入、成本和利润预测；⑥风险管理，分析潜在的风险因素并提出应对措施。请确保内容翔实、逻辑清晰、语言专业。

回答

> **智能家居解决方案商业计划书**
>
> **1. 市场背景与调研结果**
>
> 1.1 市场现状
>
> 随着物联网技术的迅速发展和消费者生活水平的提高，智能家居市场正经历着前所未有的增长。根据最新的市场研究报告，全球智能家居市场规模预计在未来5年内将以年复合增长率超过15%的速度扩张。目前，市场主要集中在北美、欧洲和亚洲部分地区，其中中国作为最大的单一市场，展现出巨大的发展潜力。
>
> ……
>
> 6.3 法律风险
>
> 应对措施：严格遵守相关法律法规，确保产品合规；聘请法律顾问团队，及时处理可能出现的法律纠纷。
>
> 本商业计划书旨在全面展示我们的智能家居解决方案，希望能够获得你的支持与认可。我们相信，在双方共同努力下，一定能够开创智能家居的美好未来。

使用通义生成的商业计划书不仅内容翔实、逻辑清晰，还具有很强的说服力，在实际使用时，用户可以根据实际数据进行修改和完善。

提示词进阶

在构建提示词时，应提供详细的市场调研数据和行业背景，明确计划书的具体目标和预期成果，使用具体的数据和案例支持分析结果，确保计划书内容逻辑清晰，结构合理。

例如：

请根据上传的文档撰写一份智能家居解决方案的商业计划书。计划书应包括如下内容。

①市场背景与调研结果：提供智能家居市场的最新数据，包括市场规模、增长率、主要参与者和消费者需求。

②产品介绍：详细描述公司的智能家居解决方案及其核心竞争力，如技术创新、用户体验、成本优势等。

③营销策略：包括目标市场定位、渠道选择、促销活动等，明确目标市场和目标客户群体，描述市场细分和定位策略。

④运营计划：包括生产流程、供应链管理、团队结构等，详细描述生产流程和供应链管理，确保计划的可行性。

⑤财务预测：提供未来3年的收入、成本和利润预测，包括各个产品线的收入贡献和各项成本。

⑥风险管理：分析潜在的风险因素，如市场竞争、技术变革、政策变化等，并提出具体的应对措施。

请确保内容翔实、逻辑清晰、语言专业，并使用具体的数据和案例支持分析结果。

2.4.2　实战：消费者心理分析

消费者心理分析是商业分析中的重要工具，通过深入了解消费者的购买动机和行为模式，企业可以制定更有效的营销策略。通义可以生成全面且深入的消费者心理分析报告，帮助企业更好地了解消费者。

场景

王芳是一家高端护肤品公司的市场经理，公司计划推出一款新的抗衰老面霜。为了确保产品成功打入市场，王芳需要进行一次全面的消费者心理分析，了解目标客户的需求、购买动机和行为模式。

提示词

请帮我进行一次消费者心理分析，用于指导我们新推出的抗衰老面霜的营销策略。分析内容包括：①目标客户的基本特征，如年龄、性别、收入水平等；②购买动机，分析消费者购买抗衰老面霜的主要原因，如对抗衰老的需求、提升自信心等；③购买行为，描述消费者的购买决策过程，包括信息搜索、评估比较、购买决策等；④品牌偏好，分析消费者对不同品牌的认知和偏好；⑤营销建议，基于分析结果提出具体的营销策略，如广告宣传、促销活动等。请确保分析结果准确、全面且具有参考价值。

回答

消费者心理分析报告——抗衰老面霜市场策略指导

一、目标客户基本特征

1.1 年龄

主要集中在25~50岁，这个年龄段的客户通常已经开始关注皮肤老化问题，希望通过科学的方法延缓衰老过程。

1.2 性别

女性为主，但男性市场也在逐步扩大。随着社会观念的变化，越来越多的男性开始重视个人形象和肌肤保养。

......

5.4 用户反馈

积极收集并响应用户反馈，不断优化产品配方和服务流程，积累良好的口碑。

通过以上分析，我们可以更好地理解目标客户的需求、购买动机和行为模式，制定出更加有效的市场策略，推动新推出的抗衰老面霜成功打入市场。

通过上述消费者心理分析，王芳成功地了解了目标客户的需求、购买动机和行为模式，为制定新产品的市场策略提供了有力的支持。

提示词进阶

在构建提示词时，可以从购买行为、品牌偏好等多个维度深入剖析不同消费者群体的需求、购买动机和行为模式，具体包括购买动机、购买决策因素、购买时机等，并评估他们对特定品牌的偏好，如价格敏感度和购买渠道选择。结合调研产品的具体情况，提供具体的分析结果和建议。例如：

你是一位市场研究员。请基于以下消费者心理调研要素，为青年人、中年人等不同消费者群体撰写一份针对他们的心理分析报告。调研要素：①购买行为：分析消费者的购买行为，包括购买动机、购买决策因素、购买时机等。②品牌偏好：评估消费者对特定品牌的偏好，包括价格敏感度、购买渠道选择等。③调研产品：以家用电器作为调研对象，请分析其在不同消费者群体中的品牌偏好、价格敏感度、购买渠道选择等。请确保报告内容直接针对不同消费者群体的心理特点，并提供具体的分析结果和建议。同时，请确保报告内容简洁明了、易于理解。

2.4.3 实战：营销效果评估

在营销领域，准确评估营销活动的效果对于优化策略和提升ROI至关重要。本小节将探讨如何利用通义来高效地进行营销效果评估，确保营销投入的有效性。

场景

李明是某电商公司的营销经理，他需要评估最近一次促销活动的效果，包括销售额、转化率、客户反馈等关键指标，以便为下一次促销活动提供数据支持。

提示词

请帮我生成一份营销效果评估报告。报告需包含以下内容：①活动概述，包括活动名称、活动目标、执行时间和范围；②关键指标分析，如销售额、转化率、新客户数、客单价等；③客户反馈收集，包括问卷调查结果、社交媒体评论等；④成本效益分析，计算营销活动的投入产出比；⑤总结与建议，基于评估结果提出优化建议。请确保报告数据准确、分析深入。

回答

营销效果评估报告

一、活动概述

活动名称：秋季新品促销活动。

活动目标。

①提升品牌知名度与影响力。

②增加秋季新品的销量。

……

建议。

①优化物流配送：加强与物流合作伙伴的沟通协作，缩短配送时间，提高配送效率。

②提升服务质量：对客服团队进行专业培训，提高服务水平，增强客户体验。

③加大个性化促销力度：根据用户画像分析，推出更多针对性强、个性化的促销活动，以吸引更多潜在客户。

④持续监测市场反应：建立更加完善的市场反馈机制，及时调整营销策略，确保活动效果最大化。

　　营销效果评估报告应全面涵盖营销活动的各个方面，从活动概述到关键指标分析，再到客户反馈收集和成本收益分析，最后给出总结与建议。通过通义生成评估模板后，可根据实际情况调整，确保其适用性。

 提示词进阶

　　在构建进行营销效果评估的提示词时，应更加细化关键指标，例如明确不同渠道的销售额占比、不同时间段的客户转化率等，例如：

　　请帮我撰写一份营销效果评估报告，用于评估公司近期开展的促销活动的效果。报告需包含：①营销活动概述，包括活动的时间从[开始时间]到[结束时间]，形式包括线上广告投放、社交媒体营销、线下活动等，目标是提高销售额和品牌知名度；②关键指标评估，如线上广告投放渠道销售额占比为[X]%，社交媒体营销渠道销售额占比为[Y]%，线下活动销售额占比为[Z]%，不同时间段的客户转化率分别为[时间段1转化率]、[时间段2转化率]等，品牌知名度提升率通过[具体调研方法]测量为[提升数值]；③与预期目标的对比分析；④影响营销效果的因素分析，包括内部因素（如产品质量、价格、服务）和外部因素（如市场竞争、消费者需求变化）；⑤对未来营销活动的建议。

2.4.4　实战：4P营销分析

4P营销分析是企业制定营销策略的基础。通过对产品（Product）、价格（Price）、渠道（Place）和促销（Promotion）4个要素的分析，企业能够更好地了解市场需求，制定出更有效的营销策略。通义可协助企业快速完成4P营销分析。

场景

小张是一家服装公司的营销经理，公司准备推出"幻彩冬日"羽绒服系列。小张需要对该系列服装进行4P营销分析，以便为产品的推广和销售制定策略。

提示词

请帮我进行4P营销分析，针对公司即将推出的"幻彩冬日"羽绒服系列。分析需包含以下内容：①产品分析，包括产品特点、优势、目标客户群体等；②价格策略，考虑成本、市场需求、竞争对手定价等因素；③渠道选择，评估线上、线下渠道的优劣，选择最适合的营销渠道；④促销计划，制定促销活动、广告策略等，以吸引目标客户。请确保分析全面、策略可行。

回答

"幻彩冬日"羽绒服系列4P营销分析

一、产品分析

①产品特点："幻彩冬日"羽绒服系列以其丰富的颜色选择、独特的图案设计以及高品质的面料而著称。该系列采用环保材料制作，具有良好的保暖性能，同时注重时尚与环保的结合。

②优势。

● 时尚与实用并存：不仅满足了冬季保暖的基本需求，还通过多彩的设计满足了年轻消费者对个性化和时尚的需求。

● 技术创新：应用先进的保暖技术，如轻质填充物，确保衣物轻便的同时提供卓越的保暖效果。

……

● 线下活动：在人流量大的商圈举办新品发布会或快闪店活动，增加品牌曝光率。

● 合作推广：与环保组织合作，共同举办公益活动，提升品牌形象。

> 通过上述分析，我们可以看出，"幻彩冬日"羽绒服系列拥有明确的目标市场定位和独特的产品优势，通过合理的定价、多元化的销售渠道以及有效的促销计划，有望在市场上取得良好的表现。

本小节通过4P营销分析的实际操作，展示了如何利用通义对企业产品进行深入剖析。这种方法不仅有助于企业发现产品的优势与不足，还能为企业制定更加有效的营销策略提供有力的支持。

提示词进阶

在使用通义生成4P营销分析报告时，构建提示词应注意明确产品特点、综合市场的环境，在4P的每个方面，都要进行深入的探讨和分析，提出具体的建议和措施。另外，要注意可操作性，提出可执行的营销策略和行动计划。例如：

针对公司即将推出的高端护肤品系列，请帮我进行深入的4P营销分析。分析需要包括以下内容：①产品分析，详细分析产品的核心成分（如天然植物萃取、专利技术成分）、独特功效（如抗氧化、深层补水）、包装设计、目标客户群等，明确产品在安全性、科技含量、使用体验等方面的竞争优势，结合当前消费者对天然成分、可持续性的市场需求趋势进行阐述；②价格策略，基于市场调研和竞争对手定价，制定合理的价格区间和定价策略，确保产品的性价比；③渠道选择，评估线上电商平台、线下高端商场、美容院等渠道的优劣，选择最适合的营销渠道，确保产品能够精准触达目标客户；④促销计划，制定全方位的促销活动，包括限时折扣、赠品活动、会员特权等，同时结合广告策略，如社交媒体推广、关键意见领袖（KOL）合作等，提升产品的知名度和吸引力。请确保分析全面、策略具体可行，能够为公司的新产品成功上市提供有力保障。

2.5　社交媒体写作

社交媒体写作是信息时代的创意表达。借助通义，我们可以轻松驾驭文字，捕捉热点，打造引人入胜的内容。本节将探索如何利用通义辅助社交媒体写作，让文字成为连接读者与世界的桥梁。

2.5.1　实战：自媒体文章

在数字时代，社交媒体已成为传播信息和塑造品牌形象的重要渠道。通义可以帮助自媒体作者快速生成吸引眼球的文章，提升内容的质量和传播力。

场景

李华是一名专注于生活方式的自媒体作者，他计划撰写一篇关于"如何打造舒适家居环境"的文章，希望吸引更多读者关注和分享。

提示词

请帮我撰写一篇自媒体文章，主题为"如何打造舒适家居环境"。文章需要包括：①引人入胜的开头，介绍家居环境对生活质量的影响；②具体的家居布置建议，如色彩搭配、家具选择等；③实用的家居装饰技巧，如植物摆放、灯光设计等；④总结，强调舒适家居环境的重要性。请使用轻松幽默的语言风格，确保内容既有趣味性又有实用性。

回答

如何打造一个让你想赖着不走的舒适家居环境？

在这个快节奏的时代，我们每天都在外面奔波，工作、学习、社交……到了晚上，拖着疲惫的身体回到家中，你是否希望它能像一个温暖的怀抱，给你最温柔的抚慰？一个舒适、温馨的家居环境不仅能提升我们的生活质量，还能在繁忙的一天结束后，为我们提供一片宁静的港湾。今天，就让我们一起探索如何将你的小窝变成一个让人羡慕不已的避风港吧！

家居布置建议：从颜色到家具，每一处都要精心挑选。

……

通过上述的布置与装饰技巧，相信你已经找到了打造理想家居环境的方法。一个舒适、有温度的家，不仅能让我们放松身心，更能激发我们对生活的热情。所以，从现在开始，用心去布置你的小窝吧！让它成为世界上最美的地方——你的港湾，无论外界如何喧嚣，这里永远是你最温暖的避风港。

最后，别忘了偶尔给家里来个大扫除，保持整洁也是创造美好家居生活的重要一环哦！希望每个人都能拥有一个让自己心动的家。

自媒体文章的撰写需要结合创意和实用性，通过通义生成文章模板后，自媒体作者可以根据个人风格进行调整，确保文章的吸引力和传播效果。

在构建生成自媒体文章提示词时，应更加详细地描述文章的每个部分，例如提供更具体的历史背景信息、制作方法中的特殊技巧等，例如：

请帮我撰写一篇自媒体文章，关于一道名为 [美食名称] 的特色美食。文章需要包含：①美食的名称及简介，详细介绍其食材使用和外观特点；②历史渊源介绍，包括其起源的具体地点和时期，以及相关的历史故事；③制作方法，包括特殊技巧和注意事项；④风味描述，用生动的语言描绘其口感和香气；⑤个人对这道美食的感受，包括为什么喜欢这道美食。

2.5.2 实战：朋友圈文案

朋友圈作为社交媒体的重要组成部分，是人们分享生活、表达情感、传递信息的重要平台。本小节将探讨如何利用通义撰写吸引人的朋友圈文案，提升个人形象和传播效果。

场景

> 刘强是一名热衷于旅行的年轻人，经常在朋友圈分享自己的旅行经历。为了让更多人感受到旅行的乐趣，刘强希望创作出既真实又富有创意的朋友圈文案，以此来记录旅途中的美好瞬间。

提示词

> 请根据以下旅行经历，创作一段富有创意的朋友圈文案，要求语言简洁、情感真挚，能够引起朋友们的关注和共鸣。
>
> 旅行地点：云南丽江。
>
> 经历亮点：参观古城、品尝当地美食、体验纳西族的东巴文化。
>
> 分享目的：让朋友们感受丽江的魅力，鼓励大家走出家门探索世界。

回答

> **丽江，不只是梦里的远方**
>
> 走在丽江古城的石板路上，每一步都踏着历史的回响。古城里，流水人家，仿佛时光在这里慢下了脚步。品尝了地道的纳西烤鱼，那不仅是食物的味道，更是文化的滋味。深入体验了纳西族的东巴文化，每一个符号背后，都是一个动人的故事。
>
> 如果你觉得生活太单调，不妨给心灵放个假。这里，有你不曾见过的风景，有你未曾尝过的美味，更有那些等待被发现的故事。丽江，一个让你来了就不想走的地方。
>
> #丽江之旅 #古城情怀 #探索未知

通过对本小节的学习，我们了解了如何利用通义创作朋友圈文案，这不仅有助于个人更好地表达自我，也能促进与朋友之间的交流，提升朋友圈的活跃度。

提示词进阶

> 在构建朋友圈文案撰写提示词时，应注重文案的情感表达和故事性，确保文案能够引起朋友们的共鸣。例如，文案可以提供更具体的场景描述和个人感悟，以帮助朋友们更好地感受旅行的魅力。例如：
>
> 请帮我撰写一段朋友圈文案，分享我的西藏之旅。文案需要包括以下内容：①描述旅途中看到的壮丽雪山、清澈湖泊和广袤草原；②表达对西藏深厚文化和热情人民的敬意；③分享这次旅行让我对生活有了新的认识，学会了珍惜和感恩；④鼓励朋友们勇敢地去探索未知的世界，体验不同的生活。请确保文案语言风格真挚感人，能够触动人心。

2.5.3 实战：小红书商品推荐文案

商品推荐文案是品牌或个人在社交媒体上推广商品的一种方式。一篇吸引人的商品推荐文案能够提高商品的曝光率和购买转化率。

场景　李娜是一名资深的小红书用户，同时也是一名兼职美妆博主。近期，她试用了一款新的防晒霜，效果非常好，她想要在小红书上分享这款商品的使用体验，帮助更多的用户找到适合自己的防晒产品。

提示词　请根据以下商品信息，撰写一篇小红书商品推荐文案，确保文案内容真实可信、语言生动有趣，能够吸引潜在消费者的兴趣。①商品名称：××品牌防晒霜；②产品特点：高倍数防晒、轻盈不油腻、适合敏感肌肤；③使用体验：使用后皮肤感觉清爽、无油腻感，长时间保持良好的防晒效果；④推荐理由：适合日常户外活动使用，性价比高。

回答　【夏日守护者】××品牌防晒霜，你的肌肤保护伞。

夏天的脚步悄然而至，阳光下的我们更需要一位贴心的守护者来对抗紫外线的侵袭。今天，我要给大家种草一款我最近超爱的防晒神器——××品牌防晒霜，它不仅是我夏日护肤的秘密武器，也是你户外活动不可或缺的好伙伴！

【高倍数防晒】这款防晒霜拥有"SPF50＋PA＋＋＋＋"的超强防护力，可以有效阻挡紫外线（UVA和UVB），即使在烈日下也能为你提供全天候的保护。无论是海边度假还是城市漫步，都能让你的肌肤远离晒伤的烦恼。

【轻盈不油腻】最让我惊喜的是它的质地，轻盈如空气般，涂抹后瞬间被肌肤吸收，完全没有厚重的负担感。即便是油性或混合性肌肤，也能感受到前所未有的清爽，告别了传统防晒霜带来的黏腻不适。

【适合敏感肌肤】作为一名敏感肌用户，我对护肤品的选择总是慎之又慎。但这款防晒霜温和不刺激，经过了严格的皮肤测试，即使是敏感肌也能安心使用。每次使用后，我的皮肤都感觉很舒适，没有出现任何不良反应。

【使用体验】每天早上洁面后，取适量防晒霜轻轻拍打于脸部，不仅能够为肌肤筑起强大的防护屏障，还能作为妆前打底，使后续的彩妆更加服帖自然。而且，这款防晒霜的持久性非常棒，即使出汗和摩擦，也能长时间保持良好的防晒效果。

【性价比高】考虑到它的高效防晒能力和温和配方，再加上亲民的价格，这款××品牌防晒霜绝对是你夏日护肤的优秀选择。无论是自用还是送礼，都是物超所值的好物！

在这个充满活力的季节里，让我们一起享受阳光吧！别让紫外线成为你美丽的小障碍，选择××品牌防晒霜，和我一起迎接每一个灿烂的日子！

#防晒必备 #夏日护肤 #敏感肌福音 #性价比之选

商品推荐文案要突出商品的特点和优势，给出推荐理由，吸引读者的关注。通过通义生成文案模板后，可根据实际情况调整内容，确保其适用性。

提示词进阶

　　在构建小红书商品推荐文案撰写提示词时，应注重文案的吸引力和说服力，确保文案能够促使读者采取行动。例如，文案可以提供更具体的使用前后对比和专业评测，以帮助读者更好地了解产品的效果。例如：

　　请帮我撰写一篇小红书商品推荐文案，推荐我最近试用的一款护肤产品。文案需要包括以下内容：①介绍产品的品牌背景和主要功效，如保湿、抗皱等；②分享我个人的使用体验，包括使用前后的对比和感受；③提供产品的购买链接或购买方式，方便读者直接购买；④鼓励读者尝试这款产品，强调它的独特之处和优势。请确保文案语言风格亲切热情，能够吸引读者的注意力。

2.5.4　实战：抖音短视频标题

抖音短视频的标题是吸引观众点击和观看短视频的关键。一个有创意且引人注目的标题能够显著提高视频的观看率和互动率。

场景

　　孙涛是一名专注于美食制作的抖音博主，他计划发布一个关于"家庭版麻辣小龙虾"的制作视频，希望为这个视频生成吸引人的标题。

提示词

　　请帮我为一个关于"家庭版麻辣小龙虾"的制作视频生成3个抖音标题。标题需要：①突出视频的主要内容和特色；②激发观众的好奇心和点击欲望；③适合短视频平台的快节奏风格。请使用简洁有力的语言风格，确保标题在2~3秒内能够抓住观众的注意力。

回答

　　【3步做出麻辣小龙虾】家常做法简单快速，味美鲜香！
　　【厨房小白也能做】麻辣小龙虾，一学就会，味道杠杠的！
　　【夏日必备】麻辣小龙虾DIY，轻松享受大厨级美味！

抖音短视频标题的撰写需要结合视频内容和观众心理，通过通义生成标题模板后，用户可以根据视频特点进行调整，确保标题的吸引力和传播力。

提示词进阶

在构建抖音短视频标题生成提示词时，应更加具体地描述主题相关元素，例如：

请帮我生成一个关于宠物训练技巧的抖音短视频标题。标题需包含：①明确宠物种类（如"狗狗"）和具体训练技巧的关键要点（如"坐卧握手"）；②能吸引用户好奇心的元素（如"3天教会""惊人效果"等成果展示）。

2.5.5　实战：今日头条文章

一篇有深度且引人入胜的今日头条文章能够收获高阅读量并提高用户黏性。

场景

李雷是一名自由撰稿人，经常为今日头条撰写科技领域的文章。为了提高文章的阅读量和用户黏性，李雷希望借助通义的帮助，撰写一篇既有深度又易于理解的科技新闻报道。

提示词

请根据以下新闻素材，撰写一篇今日头条科技新闻报道，要求内容准确、语言流畅、结构清晰，能够吸引广泛的读者群体。

新闻素材：最新发布的××12 Pro智能手机采用了先进的摄像头和AI算法，大幅提升了拍照质量和用户体验。

回答

最新智能手机发布：先进摄像头与AI算法双管齐下，重塑拍照新标准

随着科技的不断进步，智能手机已经不仅仅是通信工具，它们已经成为我们日常生活中的重要组成部分，尤其是在摄影领域。近日，××科技公司宣布推出其最新旗舰产品——××12 Pro，该机型搭载了行业领先的摄像头和前沿的AI算法，旨在为用户带来前所未有的拍照体验。

……

随着××12 Pro的正式发布，智能手机市场将迎来新一轮的竞争。而对于广大消费者而言，这意味着他们将有机会享受到更加丰富和个性化的拍照体验。无论是记录生活点滴还是捕捉旅行瞬间，××12 Pro都将是他们不可或缺的理想伴侣。

撰写今日头条文章时，应注重文章的吸引力、可读性和传播性。另外，新闻素材也可以以链接的形式提供，供通义理解和分析，并生成相关的今日头条文章。

提示词进阶

　　在构建今日头条文章撰写提示词时，应更加详细地描述产品的各个方面，如要求通义用具体的数字、案例等来描述产品的技术参数、功能特点，例如：

　　请帮我撰写一篇今日头条文章，关于一款名为 [产品名称] 的科技产品。文章需包含：①产品的名称；②特点描述，用具体的数字或案例等来描述产品的技术参数、功能特点等；③优势描述，用具体的数字或案例等来描述产品的性能优势、市场优势；④对社会的影响描述，用具体的数字或案例等来描述产品对社会生产、生活方式等方面的影响。

2.5.6　实战：知乎回答

　　知乎是一个知识分享和交流的平台，其要求回答需要有深度、有逻辑，并且能够解决提问者的问题。通义可以协助用户快速生成符合知乎要求的回答。

场景

　　小王是一名心理学爱好者，她在知乎上看到一个关于"如何有效应对压力"的问题，想要分享自己的知识和经验。

提示词

　　请根据以下问题，撰写一篇知乎回答，要求内容基于心理学原理和实践经验，提供具体、可行的建议和方法，同时结合生动的案例和故事，增强回答的吸引力和说服力。
　　问题：如何有效应对压力？

回答

　　如何有效应对压力：心理学原理与实践指南
　　在快节奏的现代生活中，压力似乎成了每个人不可避免的一部分。长期的压力不仅影响心理健康，还可能引发一系列生理疾病。因此，学会有效地应对压力，对于提高生活质量至关重要。下面将从心理学的角度出发，结合实践经验，提供一些具体而有效的建议和方法。
　　……
　　案例分享：小王是一名研究生，面对繁重的研究任务，她时常感到孤独无助。后来，她加入了学校的心理社团，结识了许多志同道合的朋友。通过定期参加社团活动，小王不仅减轻了压力，还学会了更多应对压力的方法。
　　总之，有效应对压力是一个持续的过程，需要我们在日常生活中不断实践和调整。希望上述建议能帮助你更好地应对生活中的压力，享受更加健康快乐的人生。

　　通过对本小节的学习，我们了解了如何利用通义撰写知乎回答，这不仅能够帮助回答者提供更加专业和有价值的信息，还能促进平台内知识的传播，增强用户之间的互动。

提示词进阶

在构建知乎回答生成提示词时，应注重回答的深度和专业性，建议明确回答的核心观点和支持论据，使回答既专业又易于理解，例如：

请帮我为一个关于"未来十年科技发展趋势"的问题生成一篇知乎回答。回答需要包括以下内容：①概述未来科技的几大发展趋势，如AI、生物科技等；②分析这些趋势对行业和社会的影响，为每个核心观点提供权威数据、研究或案例作为支持论据；③提供个人的专业见解和预测，如"我认为AI将在医疗领域发挥重要作用"。请确保回答严谨专业、内容深入且有说服力。

2.5.7　实战：B站视频创意脚本

在B站（哔哩哔哩的简称）这个充满创意和活力的视频平台上，一个好的创意脚本是制作具有吸引力的视频的关键。它能够规划视频的内容、节奏和风格，从而吸引观众的注意力，提高视频的播放量和关注度。通义可协助用户快速生成B站视频创意脚本。

场景

陈晨是一名B站的"UP主"，专注于科技产品评测。他计划制作一期关于"最新智能手机"的评测视频，希望为这个视频编写一个充满创意的脚本。

提示词

请帮我为一期关于"最新智能手机"的评测视频编写一个B站视频创意脚本。脚本需要包括：①引入视频主题和目的；②展示智能手机的主要特点和功能；③通过实际演示或对比测试来展示产品性能；④总结评测结果并给出购买建议。请使用幽默风趣的语言风格，确保脚本内容既专业又具有娱乐性。

回答

【视频标题】：2024年度智能手机大对决！谁更胜一筹？

【开头】（画面为快速切换的日常场景，人们用手机拍照、看视频、工作等）旁白（充满活力）："在这个数字时代，手机已成为我们不可或缺的伙伴，它记录着我们的精彩瞬间，连接着我们的社交世界，甚至是工作的得力助手！"

（画面转到主持人在科技感十足的背景前）。

……

（画面淡出，出现频道logo和订阅按钮）旁白："感谢观看，这里是科技探索频道，我们下期节目再见！"

【结束】（背景音乐轻快地结束，屏幕上显示"THE END"）。

B站视频创意脚本的编写需要结合视频内容和目标观众的兴趣，通过通义生成脚本模板后，UP主可以根据视频特点进行调整，确保脚本的创意性和吸引力。

提示词进阶

在构建B站视频创意脚本编写提示词时，建议明确视频的主题方向、目标受众及期望达到的效果，例如：

请帮我编写一份B站视频创意脚本，用于制作一期关于"科技改变生活"的专题视频。视频聚焦智能家居、虚拟现实、自动驾驶等科技成果，展现其对生活的变革。目标受众是15~35岁爱探索的B站科技爱好者。期望通过有趣的内容，让观众了解成果应用，激发其对科技的关注，收获高播放量、点赞和评论。脚本需要包括以下内容：①视频开场，引出科技改变生活的主题；②介绍几种前沿的科技成果，如智能家居、虚拟现实、自动驾驶等；③详细阐述这些科技成果如何改变我们的生活，提供具体的应用场景和案例；④插入相关的视频片段或图片，以增强视觉效果；⑤视频结尾，总结科技成果对我们生活的积极影响，并鼓励观众关注科技发展。请确保脚本内容新颖、有趣，能够吸引观众的注意力。

2.5.8 实战：直播带货脚本

直播带货脚本是直播带货过程中的重要指南，它能够规范主播的言行，规划直播的流程和内容，从而提升直播的效果和提高销售额。通义可协助用户快速生成有效的直播带货脚本。

场景

林娜是一名直播带货主播，她计划在下一场直播中推广一款"多功能料理机"，希望为这场直播编写一个吸引人的脚本。

提示词

请帮我为一场推广"多功能料理机"的直播编写直播带货脚本。脚本需要包括：①介绍产品的主要功能和卖点；②展示产品的实际操作和使用效果；③提供产品的优惠信息和购买方式；④与观众互动，回答观众问题并鼓励观众购买。请使用热情洋溢的语言风格，确保脚本内容具有说服力和吸引力。

回答

【直播标题】厨房革命！多功能料理机，让你轻松变大厨！

【开场】

主播（热情洋溢地）："大家好，欢迎来到我们的直播间！我是你们的好朋友小美。今天，我特别激动，因为要给大家介绍一款厨房里的超级神器——多功能料理机！这不仅仅是一款普通的厨房电器，它是你成为家庭大厨的秘密武器！准备好，跟我一起探索它的神奇之处吧！"

......

【结尾】

主播（再次强调产品优势）："再次感谢大家的支持和陪伴。这款多功能料理机真的是厨房里的好帮手，不仅能帮你做出美味的食物，还能让你的厨房生活变得更加轻松愉快。如果你喜欢我们的直播，别忘了给我们点个赞，分享给更多的朋友。"

主播（挥手告别）："我们下次直播再见，祝大家生活愉快，美食常伴身边！拜拜啦，我们下次见！"

（屏幕渐暗，出现感谢观看的信息和下次直播预告）

直播带货脚本的编写需要结合产品特点和观众心理，通过通义生成脚本模板后，主播可以根据直播特点进行调整，确保脚本的有效性和互动性。

提示词进阶

在构建直播带货脚本编写提示词时，应更加详细地描述每个部分，例如：

现在你是一位直播带货主播，请帮我编写一个关于某系列美妆产品的短视频带货脚本。请放大商品的亮点价值，激发观众购买欲。脚本需包含：①直播的主题（某系列美妆产品，明确是[具体产品名称]产品）；②直播的开头方式，要能吸引观众的注意力，如展示一段精彩的美妆教程视频；③直播的主体内容，包括详细介绍产品的成分、功效、适用肤质等，使用方法的详细说明，使用效果的具体展示方式（如通过模特演示或实际使用效果对比）；④直播的结尾方式，要给观众留下深刻的印象，并鼓励观众购买，如给出购买链接和优惠信息，强调购买的紧迫性。

2.6　会议助手

在快节奏的现代工作中，会议成为团队协作不可或缺的一环。然而，会议的筹备与执行往往耗费团队成员大量精力。通义以其智能高效的功能，助力会议顺利进行，让团队聚焦核心议题，提升会议效率与质量。

2.6.1　实战：会议策划书

在会议组织与管理中，会议策划书扮演着至关重要的角色。它不仅能确保会议的顺利进行，还是团队沟通协作的重要依据。

场景
　　刘强是一家科技公司的项目经理，他需要策划一次年度战略会议，目的是讨论公司未来一年的发展方向和策略。

提示词
　　请帮我撰写一份年度战略会议的策划书。策划书需要包括：①会议目的和预期成果；②会议时间、地点和参与人员；③详细的会议议程安排；④会议所需的物资和技术支持；⑤风险评估和应对措施。请使用专业严谨的语言，确保策划书内容详尽且具有可操作性。

回答

年度战略会议策划书

　　一、会议目的与预期成果

　　本次年度战略会议旨在回顾过去一年公司的运营状况，分析当前市场环境及行业趋势，明确公司未来一年的发展方向与战略目标，制订切实可行的战略规划，提升团队协作能力，增强公司竞争力。预期成果如下。

- 明确公司下一阶段的核心战略目标。
- 制订具体行动计划，确保核心战略目标的实现。
- 增强各部门之间的沟通与合作，形成合力，推进公司发展。
- 激发员工的工作热情与创新精神，为实现公司长远目标打下坚实基础。

　　……

- 信息安全：对于涉及敏感信息的讨论，采取必要的保密措施，如限制录音录像等。
- 突发事件：制定应急预案，包括但不限于紧急医疗、消防疏散等，确保所有参会人员的安全。

　　请各部门根据上述安排作好准备工作，如有任何疑问或建议，欢迎及时反馈给会议组织委员会。我们期待着与各位共同探讨公司未来发展之路，共创辉煌！

　　会议策划书的撰写需要结合会议目的和预期成果，通过通义生成策划书模板后，会议组织者可以根据实际情况进行调整，确保策划书的详尽性和实用性。

> **提示词进阶**
> 　　在构建会议策划书撰写提示词时，建议明确会议的具体目标、参与人员的角色与职责以及每个环节的时间安排，例如：

> 请为2024年度战略规划会议撰写一份详细的策划书。策划书需涵盖会议的目的、议程安排、参会人员名单及职责分工、场地布置要求、技术支持方案等内容，确保每个环节都对应明确的时间节点和责任人，以保障会议的顺利进行。

2.6.2 实战：会议通知

会议通知是确保所有相关人员及时了解会议信息的关键。一则清晰、准确的会议通知能够提高人员的出席率和会议的效率。

场景

> 小张是公司的行政主管，她需要向全体员工发布一则关于即将举行的员工大会的通知，目的是讨论公司的新政策和员工福利。

提示词

> 请帮我撰写一则关于即将举行的员工大会的会议通知。通知需要包括：①会议的主题和目的；②会议的具体时间和地点；③参会人员的准备工作；④会议的预期成果；⑤联系人及联系方式。请使用正式、礼貌的语言风格，并确保信息准确无误。

回答

> ### 员工大会通知
>
> 尊敬的同事们：
>
> 　你好！
>
> 　为了加强内部沟通，促进团队协作，共同探讨公司未来发展方向，我们将于近期召开全体员工大会。现将有关事项通知如下。
>
> 　一、会议主题与目的
>
> - 主题："携手共进，共创未来"——2024年度员工大会
> - 目的：讨论公司新政策，让大家清晰了解政策变动方向及其对工作的影响；详细介绍员工福利相关内容，确保每位员工都能充分知晓自身权益；回顾过去一年的成绩与挑战，分享成功经验，明确公司未来的发展目标与战略规划；通过团队建设活动增进员工之间的了解与信任，激发团队活力，为新一年的工作奠定良好基础。
>
> 　......
>
> 　此致
>
> 敬礼！
>
>
>
> [公司名称]
>
> 人力资源部
>
> 2024年12月1日
>
>

会议通知的撰写需要注重信息的准确性和完整性，确保所有关键信息一目了然。通过通义生成通知模板后，用户可以根据实际情况进行调整，确保通知的适用性和有效性。

提示词进阶

在构建提示词时，应注重通知的完整性和明确性，确保通知包含所有必要的信息。例如，可以提供更详细的议程安排和准备工作要求，以帮助参会者更好地准备和参与会议。

请帮我撰写一则关于即将举行的员工大会的会议通知。通知需要包括以下内容：①会议主题为"公司新政策和员工福利讨论"；②会议时间为2024年11月5日下午2点，地点为公司大会议室；③要求所有参会人员提前阅读相关政策文件；④预期会议将达成一系列共识，并制订相应的行动计划；⑤联系人为行政部张薇，联系电话为123456789。请确保通知内容正式、礼貌，并且易于理解。

2.6.3 实战：会议纪要

会议纪要是记录会议讨论内容和决策的重要文件。一份清晰、准确的会议纪要能够帮助参与者回顾会议要点，并为未来的行动提供参考。

场景　王刚是一家公司的部门经理，他主持了一次关于新产品开发策略的会议。现在需要撰写一份会议纪要，以记录会议中的讨论和决策。

提示词　请根据以下会议信息，撰写一份会议纪要，要求内容准确、条理清晰，能够全面反映会议的讨论内容和决策结果。

会议信息：(省略)。

回答

新产品开发策略会议纪要

一、会议基本信息

会议时间：2024年11月15日 14:00—17:00。

会议地点：公司总部二楼会议室。

主持人：王刚（研发部经理）。

......

五、会议总结

王刚对会议进行了总结，感谢了大家的积极参与和贡献，并强调了新产品开发对公司未来发展的重要性。

备注：请各责任人严格按照会议纪要的要求，积极推进相关工作。如有任何问题或建议，欢迎随时与会议主持人联系。

会议纪要的撰写需要准确反映会议的讨论内容和决策结果，通过通义生成会议纪要模板后，记录者可以根据会议实际情况进行调整。

提示词进阶

在使用通义生成会议纪要时，构建提示词应注重会议纪要的完整性和准确性，明确会议纪要需要覆盖的内容和细节。此外，如果公司有统一的会议纪要模板，也可以提供，使通义按照特定格式进行生成。例如：

请为一场市场策略研讨会生成会议纪要。会议涉及市场营销部门、销售部门及高层管理人员，讨论了市场趋势、竞争态势及公司的市场策略调整。会议纪要应包括：①会议基本信息，如会议时间、地点、参会人员；②市场趋势和竞争态势分析；③现有市场策略的评估；④新市场策略的讨论结果；⑤下一步行动计划及负责人；⑥其他重要事项。

2.6.4 实战：会议总结报告

会议总结报告是对会议成果的全面回顾和评估。一份高质量的会议总结报告能够帮助组织者和参与者了解会议的成果，并为未来的会议提供改进方向。

场景

> 赵敏是社区服务中心的主任，她组织了一次社区发展研讨会。现在需要撰写一份会议总结报告，以评估会议的成果并提出后续行动建议。

提示词

> 请根据会议内容帮我撰写一份关于社区发展研讨会的总结报告。报告主要包括：①会议的背景和目的；②会议的主要成果和达成的共识；③会议中出现的问题和挑战；④后续行动建议和改进措施；⑤会议的总体评价。请使用客观分析的语言风格，确保报告内容全面且具有建设性。
>
> 会议内容：（省略）。

回答

> ### 社区发展研讨会总结报告
> **一、会议的背景和目的**
>
> 随着城市化进程的加快，社区作为城市的基本单元，在社会治理和社会服务中的作用日益凸显。为了探讨如何更好地促进社区发展，提升居民生活质量，社区服务中心于2024年11月20日在社区活动中心多功能厅召开了此次社区发展研讨会。会议由社区服务中心主任赵敏主持，旨在汇聚各方智慧，共同探讨社区发展的现状、面临的问题及未来的发展方向，形成有效的解决方案，推动社区和谐发展。
>
> ……

五、会议的总体评价

本次社区发展研讨会取得了显著的成果，不仅深入分析了社区发展的现状和面临的挑战，还提出了切实可行的解决方案。会议达成的多元共治模式、公共服务优化、环境改善与文化建设等共识，为社区的未来发展指明了方向。专门成立的工作小组将负责落实会议的各项决议，确保各项措施得到有效实施，这体现了社区服务中心对社区发展的高度重视和坚定决心。

总体而言，本次研讨会是一次成功的交流和探讨，为社区的和谐发展奠定了坚实的基础。希望各相关部门和负责人能够严格按照会议总结报告的要求，积极推进相关工作，确保社区发展项目顺利推进，不断提升居民的生活质量。

通过上述提示词，通义即可为我们生成会议总结报告，这不仅能够帮助我们全面评估会议的成果，还能为未来的会议提供宝贵的参考和改进方向。

 提示词进阶

在构建会议总结报告撰写提示词时，应更加详细地描述会议的每个部分。例如，明确会议效果评估的具体指标和方法，以及下一步行动安排的具体责任人、时间节点等。例如：

请帮我撰写一份会议总结报告，用于公司年度总结会议。报告须包含：①会议基本信息（会议主题为"年度总结"，时间为2024年12月15日上午9:00—下午5:00，地点为公司会议室，参会人员包括公司高层管理人员、各部门负责人及部分优秀员工代表）；②会议讨论的主要内容，包括过去一年的工作回顾（各部门的主要工作成果和问题）、未来一年的工作规划（各部门的目标和策略）；③会议达成的决议为批准各部门的工作规划；④会议效果评估采用满意度调查的方式，具体指标为参会人员对会议内容的满意度、对会议组织的满意度等，调查结果显示参会人员对会议内容的满意度为85%，对会议组织的满意度为90%；⑤下一步行动安排为各部门在1月1日之前根据批准的工作规划制订详细的工作计划，由各部门负责人负责。

2.7 沟通协作

通义能为职场带来诸多变革，本节将介绍通义如何在售后问题解答、商务邮件撰写等方面发挥重要作用，助力职场人士更高效地沟通协作。

2.7.1　实战：电话销售话术

电话销售是企业与潜在客户建立联系、促成交易的重要方式。有效的电话销售话术不仅能够吸引客户的注意力，还能提高产品的销售率。

场景　李娜是一名电话销售代表，她负责推销公司的软件服务产品。她需要一套有效的电话销售话术，以提高客户的购买意愿。

提示词　请帮我设计一套电话销售话术，用于推销公司的软件服务产品。话术需要包括：①开场白，简短介绍自己和公司；②了解客户需求，询问客户当前使用软件的情况；③介绍产品特点，突出产品如何解决客户痛点；④处理客户异议，提供有力的回答和有效的解决方案；⑤促成交易，明确下一步行动。请使用礼貌而自信的语言风格，确保话术既专业又具有亲和力。

回答　当然可以帮你设计一套电话销售话术。请注意，在进行电话销售时，最重要的是保持真诚的态度，倾听客户的实际需求，并根据这些需求提供个性化的建议。以下是一套基于你要求的话术模板。

①开场白。

你好，我是来自[公司名称]的[你的名字]，一家专注于为企业提供高效管理解决方案的软件公司。感谢你抽出宝贵的时间与我交谈。今天，我联系你是因为我们注意到贵公司在[行业/领域]有着卓越的表现，而我们的软件服务正是为了帮助像贵公司这样的领先公司进一步提升效率和竞争力。不知道你现在是否方便，我可以简单介绍一下我们的软件服务吗？

……

再次感谢你今天的耐心聆听。无论结果如何，我都希望我们的交流能为你带来一些有价值的思考。期待着你的回复！

这套话术旨在与客户建立信任关系，同时展现出你对公司产品的深刻理解和为客户解决问题的决心。希望这能帮助到你！

电话销售话术的设计需注重简洁性和吸引力，确保能够迅速抓住客户的注意力并有效传达产品价值。

提示词进阶

在构建电话销售话术设计提示词时，应注重话术的个性化和互动性，使话术更具说服力和感染力。例如：

请帮我生成一套针对高端客户的电话销售话术，用于推销定制化的智能家居系统。话术需要包括以下内容：①突出产品的定制化和个性化特点；②通过客户反馈和市场调研挖掘客户的独特需求；③强调产品对客户生活方式和品质的提升；④使用引导式提问和形成情感共鸣的技巧来增强客户的购买意愿；⑤准备一套针对不同客户异议的应对方案。请确保话术具有高度的针对性和专业性，能够精准打动目标客户。

2.7.2 实战：商业咨询沟通

企业咨询顾问在为客户提供专业建议时，需要一套系统的方法和沟通技巧。

场景

张伟是一名企业咨询顾问，他即将与一家制造企业的代表会面，讨论如何提高生产效率和降低成本。

提示词

请帮我准备一套企业咨询顾问的方法和沟通技巧，用于与制造企业的代表讨论如何提高生产效率和降低成本。内容需要包括：①建立信任，展示专业知识和经验；②了解企业现状，详细询问企业当前的生产流程和成本结构；③分析问题，使用数据和案例支持分析；④提出建议，提供具体的改进措施和实施步骤；⑤跟进反馈，确保建议得到有效执行。请使用专业、严谨的语言风格，确保内容既深入又实用。

回答

当然，针对制造企业的咨询服务，特别是关于提高生产效率和降低成本方面，准备一套系统的方法和沟通技巧是非常重要的。以下是按照你要求的内容整理的一套指南。

1.建立信任，展示专业知识和经验

● 自我介绍：首先，简要介绍自己的背景，包括相关的教育经历、专业资格认证以及在制造业咨询领域的成功案例。例如："你好，我是来自××咨询公司的××，拥有超过10年的制造业优化咨询经验，曾成功帮助多家企业实现了生产效率的显著提升和成本的有效控制。"

● 表达诚意：表明你希望通过合作，共同探索并实现企业生产效率的提升。可以说："我非常期待有机会深入了解贵司的现状，共同探讨可能的优化方案。"

……

5.跟进反馈，确保建议得到有效执行

● 定期检查：设定定期回访机制，及时了解进展，解决执行过程中出现的新问题。"我们将每两周安排一次线上或线下的进度审查会议，确保所有计划都能顺利推进。"

● 持续支持：承诺提供必要的后续支持和服务。"无论是技术支持还是培训指导，我们都将全力以赴，直到你完全满意为止。"

通过以上步骤，不仅可以有效地与客户建立起良好的合作关系，还能确保所提供的改进措施真正落地生根，帮助企业实现预期的目标。希望这套指南能够对你有所帮助！

通过上述提示词，通义即可为张伟生成一套企业咨询顾问的方法和沟通技巧，不仅提升了咨询效果，还增强了客户对他的信任。

提示词进阶

在构建提示词时，应注重方法和沟通技巧的系统性和专业性，例如：

请帮我准备一套企业咨询顾问的方法和沟通技巧，用于与制造企业的代表讨论如何提高生产效率和降低成本。需要包括以下内容：①建立信任，如分享类似案例的成功经验；②了解现状，详细询问"你的企业目前的生产流程中遇到了哪些瓶颈？"③分析问题，使用数据支持分析，如"根据行业数据，你的企业的成本高于行业平均水平"；④提出建议，提供具体的改进措施，如"引入自动化设备可以提高生产效率"；⑤跟进反馈，确保建议得到有效执行，如"我们将定期检查进度，确保实施效果"。请确保内容专业严谨、深入且实用。

2.7.3　实战：售后问题解答

为售后问题提供专业的解答是维护客户关系、提升客户满意度的重要环节。专业的解答能够解决客户的疑虑，让客户感受到企业的责任心和专业性。

场景

张明是一家电子产品公司的售后客服经理，负责处理客户的各类售后问题。

提示词

请根据以下售后问题，撰写一份专业的解答，要求内容准确、语言清晰，能够有效解决客户的问题。①产品：智能音箱；②问题描述：无法连接Wi-Fi网络；③解答目标：指导客户排查问题，提供解决方案。

回答

尊敬的客户：

你好！感谢你选择了我们的智能音箱产品。了解到你遇到了智能音箱无法连接Wi-Fi的问题，我们非常重视你的反馈。请按照以下步骤尝试解决问题，希望能够帮助到你。

步骤1：检查 Wi-Fi 网络。

请确认你的 Wi-Fi 网络是否正常。你可以尝试使用手机或其他设备连接相同的 Wi-Fi 网络，以确保网络本身没有问题。

……

我们非常重视你的使用体验，希望上述步骤能帮助你解决问题。如果你在操作过程中遇到任何疑问，或者需要进一步的帮助，请随时联系我们。再次感谢你的支持与理解！

顺颂时祺！

[公司名称] 客户服务部

[日期]

通过上述提示词，通义为售后问题提供了专业的解答，这不仅能够帮助客户快速解决问题，还能够提升客户的满意度和忠诚度，为企业赢得良好的口碑。

提示词进阶

在构建为售后问题提供解答的提示词时，应更加详细地描述解答的每个部分。例如，在问题描述中详细说明客户提出的问题的具体情况，在分析问题的根源中明确指出具体的原因，在解决问题的方法中详细说明具体操作步骤，在预防问题的发生中详细说明具体的预防措施。例如：

请帮我撰写一份售后问题解答，用于为客户提出的关于产品使用的问题提供专业的解答。解答需包含：①问题描述，明确客户提出的问题为 [具体问题]，如"客户反馈产品在使用过程中出现了 [具体故障现象]"；②分析问题的根源，明确指出具体的原因，如"经过分析，问题的根源在于 [具体原因]"；③解决问题的方法，详细说明具体的操作步骤，如"解决问题的方法如下：首先，[具体操作步骤1]；其次，[具体操作步骤2]；等等"；④预防问题的发生，详细说明具体的预防措施，如"预防问题的发生，可以采取以下措施：首先，[具体预防措施1]；其次，[具体预防措施2]；等等"。

2.7.4 实战：商务邮件撰写

商务邮件是商务沟通中常用的工具，撰写商务邮件要求语言规范、内容准确、条理清晰，能够有效地传达信息和表达意图。

场景

小杰是一家国际贸易公司的业务发展经理，他需要向潜在的合作伙伴发送一封商务邮件，以探讨合作机会并邀请对方进行初步会谈。

提示词

请帮我撰写一封商务邮件，用于向潜在合作伙伴探讨合作机会。邮件需要包括：①邮件的标题，清晰地表明目的；②正式的称呼和开场白；③介绍公司和说明合作意向；④详细阐述合作的潜在好处和期望的结果；⑤邀请对方进行初步会谈，并提出具体的会谈建议；⑥结束语和签名。请使用正式且礼貌的语言风格，确保邮件内容专业且具有吸引力。

回答

邮件标题：探讨共同增长机会——[你的公司名]与[对方公司名]的合作可能性

尊敬的[对方姓名]先生/女士：

你好！

我是[你的名字]，现任[你的职位]，代表[你的公司名]。首先，感谢你在百忙之中抽空阅读这封邮件。我们一直密切关注着[对方公司名]在[行业领域]取得的卓越成就，特别是贵司在[具体业务领域]的专业能力给我们留下了深刻印象。基于双方共同的价值观和发展愿景，我们认为两家公司之间存在着巨大的合作潜力。

……

再次感谢你考虑我们的合作请求。期待你的回复！

此致

敬礼！

[你的全名]

[你的职位]

[你的联系电话]

[公司名称]

[公司地址]

[日期]

商务邮件撰写需要注重邮件的结构和语言的专业性，通过通义精心设计的邮件模板，可以确保信息的有效传达并展现公司的专业形象。使用时要根据实际情况调整上述模板中的具体信息，以确保邮件内容更加贴合实际需求。

提示词进阶

在使用通义生成商务邮件时，在构建提示词时应注重邮件的目的性和针对性，明确邮件需要传达的核心信息和行动号召。此外，可以提供一些写作风格和格式的建议，供通义参考。例如：

请帮我撰写一封商务合作邮件，用于与一家技术供应商讨论合作的可能性。邮件需要包括：①公司和个人的介绍，以及合作背景；②我方寻求合作的具体领域和期望达到的目标；③说明为什么选择对方作为合作伙伴，以及潜在的合作优势；④提议安排一次线下会议或电话会议，以进一步讨论合作细节；⑤提供详细的联系方式，并说明希望在何时之前收到回复。请确保邮件内容正式、礼貌，并且能够引起收件人的兴趣和回应。

2.7.5　实战：回复邮件

回复邮件是商务沟通中不可或缺的一环，及时、恰当的回复不仅能够有效解决问题，还能够维护良好的商业伙伴关系。

场景

李明是一名项目经理，他收到了一位合作伙伴发来的邮件，询问关于某个项目的进度和遇到的问题。为了确保对方及时了解项目的情况，李明需要撰写一封详细的邮件，解答对方的疑问并提供解决方案。

提示词

请根据以下邮件内容，撰写一封邮件回复合作伙伴，要求内容准确、语气友好、能够有效解答对方的疑问。

- 收件人：王总。
- 项目名称：××系统开发项目。
- 问题描述：项目进度滞后，遇到了技术难题。
- 回复内容：解释项目进度滞后的原因，提供解决方案，表达合作的诚意。

回答

邮件标题：关于××系统开发项目的进度及解决方案

尊敬的王总：

你好！

感谢你对我们××系统开发项目的关注和支持。针对你提到的项目进度滞后问题，我在此向你表示歉意，并就具体情况作如下说明。

项目自启动以来，我们团队一直在全力以赴地推进各项工作。然而，在开发过程中确实遇到了一些预料之外的技术难题，主要集中在[具体技术难点]方面。这些问题导致了部分关键任务的延期，进而影响了整体项目的进度。对此，我们深感抱歉，并已采取了一系列措施来加以应对。

……

再次感谢你的理解与支持！

　　此致

敬礼！

[你的全名]

[你的职位]

[你的联系电话]

[公司名称]

[日期]

通过对本小节的学习，我们了解了如何利用通义回复邮件，这不仅能够帮助我们及时、准确地解答对方的疑问，还能维护良好的商业伙伴关系，提升合作的效率和信任度。

提示词进阶

在使用通义回复邮件时，除了提供具体需求外，还可以要求回复的语气、格式等。例如：请根据以下邮件内容回复邮件。邮件内容："小张，我们之前讨论的合作项目出现了一些问题，希望你能尽快给出解决方案。"回复邮件应包括：①诚恳的开头问候；②对问题的分析和理解；③提出具体的解决方案；④确认下一步的沟通计划；⑤友好的结尾祝福语。同时，回复要积极主动，格式清晰规范。

2.8　应聘面试

在人才流动加速的今天，提升求职招聘效率至关重要。本节讲述通义在求职招聘中的多角色应用，助力求职者与招聘方双向提升人岗匹配效率。

2.8.1　实战：制作求职简历

一份精心制作的简历不仅能够突出求职者的竞争优势，还能提高求职者获得面试机会的概率。本小节将介绍如何利用通义制作高质量的求职简历，帮助用户在众多求职者中脱颖而出。

场景

　　小王是一名有多年工作经验的市场营销人员，他正在寻找一份市场营销经理的工作，需要制作一份求职简历。

提示词

　　请帮我制作一份市场营销经理岗位的求职简历。简历需包含：①个人信息（姓名、联系方式、电子邮箱等）；②教育背景（学校名称、专业、学历、毕业时间等）；③工作经历（公司名称、职位、工作时间、工作职责、工作成果等）；④技能特长（专业技能、语言技能、计算机技能等）；⑤个人简介（对自己的简短介绍）。

回答

个人简历

● 基本信息

姓名：张三	性别：男	出生日期：1990年1月1日
联系电话：138********		电子邮箱：zhangsan***@example.com
居住地：上海市浦东新区		

......

● 个人简介

　　作为一名拥有多年市场营销经验的专业人员，我对市场趋势和消费者行为充满热情，并且擅长制定有效的市场策略。在前公司的任职期间，我不仅成功策划并执行了多个大型营销活动，还显著提升了品牌知名度和市场占有率。我具备出色的市场分析能力和创意执行能力，能够精准把握目标客户需求，制订个性化的营销方案。我相信，凭借我的专业素养和丰富经验，能够为贵公司的市场营销工作注入新的活力和创意，助力公司在激烈的市场竞争中脱颖而出，实现业务的持续增长。期待有机会加入贵公司，共同开启市场营销的新篇章。

　　根据上述提示词，通义即可生成一份简历模板。用户应根据实际情况调整模板中的具体内容，如添加更多细节或根据个人特色进行调整，以确保简历的真实性和吸引力。

 提示词进阶

　　在构建制作求职简历的提示词时，应更加详细地描述简历的每个部分。例如，在工作经历中详细描述工作职责和工作成果，在技能特长中详细说明技能的熟练程度等。例如：

　　请帮我制作一份求职简历，用于应聘市场营销经理岗位。简历需包含：①个人信息（姓名：小王；联系方式：123456789；电子邮箱：wang**@example.com）；②教育背景（学校名称：××大学；专业：市场营销；学历：本科；毕业时间：2022年）；③工作经历（公司名称：××公司；职位：市场营销专员；工作时间：2022—2024年；工作职责：负责市场调研、活动策划等；工作成果：成功策划并执行了××活动，公司市场占有率提升了××%）；④技能特长（专业技能：精通市场调研方法、熟练掌握活动策划技巧；语言技能：英语六级；计算机技能：熟练使用办公软件）；⑤个人简介：我是一名有多年市场营销经验的专业人员，熟悉市场运作规律，具备较强的团队协作能力和创新精神，有信心胜任市场营销经理岗位。

2.8.2 实战：面试问题模拟

面试是求职过程中的关键环节。通过模拟面试问题，求职者可以提前准备，提高面试时的自信心和应变能力。

场景

　　李婷是一名即将毕业的大学生，她正在准备应聘一家知名互联网公司的产品助理职位。她需要通过模拟面试问题来准备即将到来的面试。

提示词

　　请帮我准备一套针对产品助理职位的模拟面试问题。模拟面试问题主要包括：①关于求职者个人背景和经验的问题；②关于产品管理知识和技能的问题；③关于团队合作和沟通能力的问题；④关于解决问题和创新思维的问题；⑤关于职业规划和公司文化适应的问题。请使用实际和具有挑战性的问题，确保模拟面试的实用性和有效性。

回答

　　一、关于求职者个人背景和经验的问题
　　①请你简单介绍一下自己？
　　目的：了解求职者的背景信息和个人特点。
　　②你为什么对产品助理这个职位感兴趣？
　　目的：评估求职者对职位的兴趣及其与职位的匹配度。
　　……
　　⑨你认为什么样的公司文化最适合你？
　　目的：评估求职者的价值观是否与公司的企业文化和理念相符。
　　⑩如果加入我们公司，你期望在接下来的一年内达成哪些目标？
　　目的：考查求职者的积极性和自我驱动力。
　　这些问题可以帮助面试官全面了解你的能力和潜力，同时也为你提供了一个展示自己的机会。建议提前准备好这些问题的回答，并结合实际情况进行适当调整。祝你面试顺利！

模拟面试问题的准备需要结合职位要求和求职者的个人情况，通过模拟面试问题，可以帮助求职者更好地准备面试，提升面试表现。

提示词进阶

在构建面试问题模拟提示词时，应更加详细地描述面试每个部分。例如，在关于工作经历的部分中详细询问项目的具体实施过程和遇到的困难及解决方法，在关于技能特长的部分中详细询问技能的应用场景等。例如：

请帮我准备一套模拟面试问题，用于市场营销经理岗位面试。问题需包含：①关于个人信息（如姓名、教育背景等）的问题；②关于工作经历（如主要负责过什么样的项目？项目的具体实施过程是怎样的？遇到了哪些困难？是如何解决的？）的问题；③关于技能特长（如专业技能、语言技能等）的问题；④关于个人简介（如个人优势、团队协作能力等）的问题；⑤关于对岗位的理解（如岗位职责、岗位要求等）的问题。

2.8.3 实战：职位描述

职位描述是对一个职位的工作职责、工作内容、任职要求等方面进行详细说明的文件。它是企业招聘和求职者应聘的重要依据，能够帮助企业吸引合适的求职者，也能让求职者更好地了解岗位信息。

场景　某公司正在招聘一名软件工程师，需要一份职位描述。

提示词　请帮我撰写一份软件工程师的职位描述。职位描述需包含：①岗位名称；②工作职责；③工作内容；④任职要求。

回答

软件工程师职位描述

岗位名称：软件工程师。

工作职责。

- 参与软件产品的设计、开发、测试及维护全过程。
- 与产品经理、设计师及其他软件工程师紧密合作，确保软件产品的高质量交付。
- 定期进行代码审查，提升团队代码质量。

……

- 具备良好的团队合作精神、优秀的沟通能力和较强的学习能力。
- 英语良好，能阅读英文技术文档。

此职位描述旨在吸引那些既具备扎实技术基础又具备良好团队合作精神的候选人。希望这份描述能够帮助你找到合适的软件工程师。如果有任何特定的要求或偏好，请随时告知，以便进一步调整内容。

通过上述提示词，通义生成了一份职位描述，用户根据实际需求进行调整和优化即可。

提示词进阶

在构建职位描述提示词时，应专注于如何通过职位描述展现职位的重要性和公司的吸引力，例如：

请帮我撰写一份职位描述，用于招聘软件工程师。职位描述需要包括以下内容：①职位基本信息，如"软件工程师，技术部，汇报工作给技术总监"；②主要工作职责，如"负责软件开发、测试和维护"；③职位要求，如"计算机相关专业本科以上学历，3年以上相关工作经验"；④个人素质，如"优秀的团队合作精神和沟通能力"；⑤工作条件，如"全职，公司总部，偶尔出差"；⑥申请流程和截止日期，如"请通过公司网站提交简历，截止日期为[日期]"。请确保职位描述内容全面，语言风格正式且吸引人。

2.8.4 实战：入职报告

入职报告是新员工入职后向公司提交的一份关于自身情况、入职感受、工作计划等方面的报告。它有助于公司了解新员工的状态，也能让新员工更好地融入公司。

场景

李明是一名新入职的软件开发工程师，他刚刚加入一家科技公司。为了更好地介绍自己，李明需要撰写一份详细的入职报告，包括个人背景、工作经验、职业规划及对公司的初步认识等方面的内容。

提示词

请为我撰写一份入职报告，任职岗位为软件开发工程师。报告需详细说明个人背景、工作经验、职业规划及对公司的初步认识，特别是在××科技有限公司的工作经历和对未来发展的期望，确保内容清晰、语言得体，能够展示我的职业素养和专业能力。

回答

入职报告

姓名：[你的姓名]。

岗位：软件开发工程师。

日期：[填写日期]。

一、个人背景

我，[你的姓名]，毕业于[毕业院校]，主修计算机科学与技术，获得学士学位。

> 在校期间，我积极参与各类编程竞赛和项目实践，不仅巩固了理论知识，还锻炼了解决实际问题的能力。通过不断学习与实践，我掌握了Java、Python、C++等多种编程语言，并对数据结构、算法设计有了深入理解。此外，我还自学了前端技术，包括HTML、CSS、JavaScript以及React框架，力求在全栈开发领域有所建树。
>
> ......
>
> **六、总结**
>
> 非常感谢公司给予我加入的宝贵机会，让我能够成为这个优秀团队的一员。在接下来的工作中，我定会全力以赴，为公司贡献我的力量。

入职报告应涵盖个人基本信息、入职感受和工作计划等方面，让公司对新员工有一个全面的了解。通过通义生成入职报告模板后，可根据实际情况调整，确保其适用性。

提示词进阶

在构建入职报告撰写提示词时，建议明确新员工的个人背景、工作经验、职业规划及对公司的初步认识，确保报告内容翔实且具有个人特色，例如：

请根据以下信息，撰写一份入职报告，要求内容翔实、语言清晰，能够展示新员工的职业素养和专业能力。

- 姓名：李明。
- 职位：软件开发工程师。
- 入职日期：2024年10月1日。
- 个人背景：计算机科学与技术专业硕士，曾在××科技有限公司担任软件开发工程师。
- 工作经验：具备5年软件开发经验，熟悉Java、Python等编程语言，参与过多个大型项目的开发工作。
- 职业规划：希望在公司不断提升自己的技术能力和管理能力，逐步成长为技术负责人。
- 对公司的初步认识：公司是一家在AI和大数据技术领域具有领先地位的科技公司，发展前景广阔，企业文化积极向上。

2.9 课程教学

本节将介绍如何利用通义来优化课程教学，通过实战案例，读者将了解如何利用通义来提高教学质量和效率，令教学过程更加系统化和个性化。

2.9.1 实战：教学工作计划

教学工作计划是教师对一个学期或一个教学阶段教学活动的总体规划和安排。它明确了教学目标、教学内容、教学方法、评价方式等方面，对教学活动的顺利开展起着至关重要的作用。

场景

赵老师是一名初中英语教师，新学期即将开始，他需要制订一份详细的教学工作计划。赵老师希望这份计划不仅能符合整个学期的教学大纲要求，还能融入一些创新的教学方法和手段，激发学生的学习兴趣，提高课堂互动性和学生的参与度。

提示词

请根据以下信息，为制订一份详细的教学工作计划。①教学对象：初中二年级学生。②教学目标：提高学生的英语听、说、读、写能力，培养跨文化交际意识。③教学内容：人教版《英语》教材八年级上册。④教学方法：任务型教学法、小组合作学习、多媒体辅助教学。⑤评价方式：平时成绩、单元测试、期末考试。

回答

一、教学对象

初中二年级学生：根据初中二年级学生的认知特点和学习能力，制订适合他们的教学策略。

二、教学目标

● 语言技能：通过本学期的教学，全面提升学生在听、说、读、写4个方面的能力。

● 文化素养：了解并尊重不同国家的文化差异，增强跨文化交际的意识和能力。

● 情感态度：激发学生对英语学习的兴趣，培养积极主动的学习态度。

……

六、实施策略

● 课前准备：教师须提前准备好教学材料，设计好课堂活动，确保多媒体设备正常运行。

● 课堂互动：鼓励学生多交流，利用小组合作促进学习，适时给予指导和反馈。

● 课后反馈：定期收集学生反馈，调整教学策略，为学习有困难的学生提供课后辅导。

● 家校合作：建立家校沟通机制，定期向家长反馈学生学习情况，共同促进学生进步。

上述教学工作计划旨在全面提升初中二年级学生的英语综合能力，同时培养他们的跨文化交际意识，为后续学习打下坚实基础。

通过上述提示词，通义生成了教学工作计划，不仅能帮助教师系统地规划整个学期的教学活动，还能够结合不同的教学理念和方法，为学生带来更加生动有趣的学习体验。此外，这种个性化的教学工作计划也有助于教师更好地关注每一名学生的学习进展，及时调整教学策略，实现因材施教。

提示词进阶

在构建教学工作计划撰写提示词时，应更加详细地描述教学工作计划的每个部分。例如，在教学目标中明确各知识点的掌握程度要求，在教学内容中详细列出每单元的重点和难点，在教学方法中说明针对不同知识点采取的具体方法，在教学进度中明确每周的教学安排，在教学评价中详细说明评价的指标和方法。例如：

请帮我撰写一份初中语文教学工作计划。计划需包含如下内容。①教学目标：学生要掌握汉字读写、语法知识、文言文阅读等，对各知识点要求达到熟练掌握、能够运用的程度。②教学内容：第一单元重点为现代文阅读，难点为文章的主题思想分析；第二单元重点为文言文阅读，难点为文言文中实词和虚词的理解；等等。③教学方法：对于汉字读写采用练习法，对于语法知识采用讲解法，对于文言文阅读采用诵读法和讲解法。④教学进度：第一周教学现代文阅读，第二周教学文言文阅读，等等。⑤教学评价：评价指标包括学生的作业完成情况、考试成绩、课堂表现等，评价方法为综合评定。

2.9.2 实战：教案

教案是教师在教学前对教学过程的详细规划，它包括教学目标、教学准备、教学环节、教学方法及时间分配等内容。一份好的教案能够确保教学活动的高效进行，提高教学质量。

场景

李老师是一名小学语文教师，她需要为即将到来的一堂语文课设计一份教案，课程内容是教授学生如何写一篇简短的记叙文。

提示词

请帮我设计一份教授学生写简短叙事文的教案。教案需要包括：①教学目标，明确学生通过这堂课应达到的学习目标；②教学准备，列出教学所需的材料和环境布置；③教学环节，详细描述教学的各个环节，包括导入、讲解、练习和总结；④教学方法，说明将采用的教学方法，如示范、引导、反馈等；⑤时间分配，为教学过程的每个环节分配时间；⑥评估反馈，描述将如何评估学生的学习成果并提供反馈。请使用专业的语言风格，确保教案内容详细且实用。

简短叙事文写作教案

一、教学目标

• 学生能够识别并理解简短叙事文的基本要素，包括时间、地点、人物、事件、起因、经过、结果。

• 学生能够运用适当的词语和句子结构，创作出具有清晰情节脉络的简短故事。

• 培养学生的想象力和创造力，鼓励他们通过写作表达个人情感和观点。

……

六、评估反馈

• 过程性评估：在小组讨论和故事分享环节，教师观察学生的参与度和合作情况，及时给予指导和支持。

• 作品评估：收集学生的简短叙事文作品，从故事结构、语言表达、创意等方面进行评价。

• 个人反馈：针对每个学生的具体表现，提供个性化的书面或口头反馈，指出优点并给出改进建议，鼓励学生持续提升其写作技能。

• 此教案旨在通过生动有趣的教学活动，帮助学生掌握简短叙事文的写作技巧，同时培养他们的团队合作能力和创新能力。

利用通义设计教案，不仅获得了一份结构完整、内容丰富的教案，还能够根据学生的实际情况灵活调整教学策略，确保每个学生都能在课堂上有所收获。此外，利用通义进行教案设计还有助于教师不断提升自身的教学水平，实现教学相长。

提示词进阶

在构建教案设计提示词时，应更加详细地描述教学每个阶段。例如，在教学目标中明确各知识点的掌握程度要求，在教学内容中详细列出每单元的重点和难点，在教学方法中说明针对不同知识点采取的不同的教学方法，以及在教学环节中明确各环节的先后顺序和时间安排，在教学资源中详细说明所需的教具、教材等。例如：

请帮我设计一份小学英语教学教案。教案需包含以下内容。①教学目标：学生要掌握英语单词的读写、简单的语法知识，对各知识点要求达到能够熟练运用的程度。②教学内容：本单元重点为动物单词和简单描述语句，难点为动物单词的复数形式和简单描述语句的结构。③教学方法：对于英语单词读写采用练习法，对于简单语法知识采用讲解法。④教学环节：第一步，导入环节，时间为5分钟，通过播放动物图片和声音来引入主题；第二步，单词教学环节，时间为12分钟，通过图片和实物来教学单词；第三步，语法教学环节，时间为10分钟，通过例句来讲解语法知识；第四步，练习环节，时间为15分钟，通过练习题来巩固所学知识；第五步，总结环节，时间为3分钟，总结所学内容。⑤教学资源：动物图片、英语教材。

2.9.3 实战：教学工作总结

教学工作总结是教师对一定时期内教学工作的全面回顾与评估，不仅是教师个人职业成长的重要组成部分，也是学校教育教学质量提升的关键环节。

场景　张老师是某中学的一名语文教师，学年结束之际，她需要撰写一份教学工作总结，以总结2024.9—2025.1学年的教学工作，分享教学心得，并提出改进建议。

提示词　请根据以下信息，撰写一份教学工作总结。①报告周期：2024.9—2025.1学年。②教学成果：学生平均成绩提高10%，参与市级以上作文比赛获奖人数增加20%。③教学方法：采用情境教学法、项目式学习等创新教学模式。④学生个性化辅导：针对不同学生的学习特点，制订个性化辅导方案。⑤遇到的问题及解决方案：部分学生缺乏自主学习能力，通过设立学习小组，鼓励学生互帮互助，提高学习效率。⑥未来展望：计划引入更多信息技术手段，进一步优化课堂教学，提高学生参与度。

回答

教学工作总结

报告周期：2024.9—2025.1学年。

在过去的一学年里，在全体师生的共同努力下，我不仅在教学质量和学生个人发展上取得了显著的成绩，还探索并实施了一系列创新的教学方法，为学生提供了更加丰富多样的学习体验。以下是本学年的教学工作总结。

……

未来展望。

展望未来，我计划进一步利用信息技术手段来优化课堂教学。具体措施包括引入更多的互动软件和在线资源，以提高课堂的互动性和趣味性，进一步提升学生的学习积极性和参与度。同时，我也将持续关注每一位学生的发展，不断调整和优化教学策略，以满足他们的个性化需求。

总之，2024.9—2025.1学年对我来说是充满挑战与收获的一年。感谢每一位老师和学生的辛勤付出，让我们携手共进，迎接更加辉煌的明天。

通过利用通义辅助撰写教学工作总结，教师不仅能够全面、系统地回顾和总结自己的教学工作，还能深入分析教学过程中的亮点与不足，明确未来努力的方向。

提示词进阶

在构建教学工作总结撰写提示词时，应着重强调如何通过报告内容来全面而生动地展现教师的教学成果与专业成长轨迹。例如：

请帮我撰写一份教学工作总结，用于总结过去一年的化学教学工作。报告需要包括以下内容：①教学目标和计划，如"本学年旨在通过实验教学提高学生的实践能力"；②教学实施情况，如"成功实施了80%的实验课程，但部分理论课程因时间紧张未能深入讲解"；③学生学习情况，如"学生在实验操作中表现良好，但在理论知识掌握上存在不足"；④教学反思，如"需要在以后的教学中加强理论知识的系统讲解和巩固"；⑤改进措施，如"计划增加课后辅导时间，帮助学生巩固理论知识"；⑥未来规划，如"下一学年将重点提升学生的化学理论水平和解题能力"。请确保报告内容客观真实，语言风格反思性强，具有启发性。

2.10 图片制作

本节将通过实战案例，展示如何使用提示词生成图片，上传图片进行文字创作，带领读者领略通义在图片制作领域的无限可能。

2.10.1 实战：使用提示词生成图片

通过通义，仅需简单的提示词即可生成丰富多样的图片。这一创新过程不仅简化了图片生成的复杂步骤，还极大地拓宽了创意表达的边界，让每个人都能轻松成为图片的创造者。

场景

小刘正在制作一份关于夏季旅游产品的PPT。他希望生成一张能够展现夏日海滩风光的图片，以增强PPT的视觉吸引力。

提示词

请生成一幅夏日海滩风光图片，图片中要有金色的沙滩、蓝色的大海、翠绿的椰树，以及在沙滩上享受阳光的游客，色彩要鲜艳、明亮，风格要符合旅游产品PPT的风格，具有吸引力和视觉冲击力。

回答

　　图片生成之后，如果对图片不满意，还可以继续调整提示词优化图片效果，例如希望图片具有广角镜头的效果，并增加一束光照亮整个场景，可输入相应的提示词并发送给通义。

提示词

采用广角镜头，并增加一束光。

回答

　　如果想提升图片的细腻感，可以继续发送提示词。

提示词

增加细节刻画，使图片质感细腻。

回答

用户可以通过不断地发送提示词，调整图片的输出效果，对效果满意后，可以单击图片使其放大，将其另存到计算机中使用。另外，在使用通义进行图片生成时，注意使用"画图""画一幅"等关键词，以便通义明确需要执行的任务。

提示词进阶

在构建图片生成提示词时，需要明确主题、描述细节、指定风格和技术、明确色彩和色调、提供尺寸和比例信息、传达情感和氛围，避免使用模糊或含糊不清的词语。除了可以通过完整语句描述图片生成提示词外，还可以使用排列关键词的形式构建提示词，例如：

● 画图：蛋糕，食物，手绘画风，粉色色调，手绘，治愈系画风，精致，可爱，纯色背景。

● 画图：逼真的3D卡通风格渲染，人像，一个酷女孩，中国古典元素，宋代风格，极简主义，纯粉色衣服。

2.10.2 实战：上传图片进行文字创作

图片往往能激发人们的创作灵感，上传图片并基于图片进行文字创作，可以挖掘图片背后的故事，丰富创作内容。

场景

小王是一名幼儿园老师，她有一张图片，图片上有兔子、城堡、河流、森林等，她想根据这张图片为孩子们创作一个童话故事。

提示词

请根据上传的图片，为孩子们创作一个童话故事，故事要简单有趣，充满想象力，适合3~6岁的孩子。

回答

从前，在一片美丽的森林里，住着一只可爱的小白兔和它的朋友们。小白兔非常喜欢探索新的地方，所以它经常带着它的朋友小松鼠一起去探险。

有一天，它们来到了一座雄伟的城堡前。这座城堡非常大，有高高的塔楼和坚固的城墙。小白兔和小松鼠都非常好奇，于是它们决定进去看看。

在城堡的大厅里，它们遇到了一位善良的老巫婆。老巫婆告诉它们，这个城堡曾经是一个国王的家，但是现在它已经去世了，所以这里变得很荒凉。她还说，如果有谁能够找到隐藏在这个城堡里的宝藏，那么它就可以成为新国王。

小白兔和小松鼠听了之后非常兴奋，它们决定一起寻找宝藏。它们在城堡里四处搜寻，最终小白兔在一个秘密房间里找到了宝藏。宝藏是一颗闪闪发光的宝石，它发出耀眼的光芒，让小白兔和小松鼠感到惊讶。

当它们把宝石交给老巫婆时，她非常高兴，并且宣布小白兔成为新国王。从此以后，小白兔和它的朋友们过上了幸福快乐的生活，而那个城堡也变得更加美丽繁荣。

这个故事告诉我们，只要有勇气和决心，我们就能实现自己的梦想。同时也要记住，友谊和合作是非常重要的，只有团结一致才能取得成功。

上传图片进行文字创作需要深入观察图片，挖掘图片中的关键信息，从而激发创作灵感。

提示词进阶

　　在构建提示词时，可以明确故事的主题细节和孩子的年龄特点，例如：

　　请根据上传的图片，为孩子们创作一个童话故事。故事要求如下。①简单有趣：故事应简洁明了，避免过于复杂的情节。②充满想象力：故事应包含丰富的元素，让孩子们能够自由发挥想象力。③适合3~6岁的孩子：故事应适合3~6岁的孩子阅读，避免过于复杂或不适合他们的内容。请确保故事具有教育意义，能够激发孩子们的想象力和创造力。同时，请保持故事的简单性和趣味性，让孩子们能够轻松理解并享受故事。

第3章　学习跃升：通义知识赋能站

随着AI技术的飞速发展，通义为学习领域带来了深刻的变革。本章将深入探讨通义在知识获取、互动式学习、学术论文、成长规划、育儿助手以及心理健康等方面的应用，助力用户在各个领域实现知识的深度理解和能力的提升，从而在学习、工作等方面取得显著进步，生活质量明显提高。

3.1 知识获取

本节将通过实战案例展示如何利用通义解读复杂知识、实现跨学科知识融合以及准备职业资格考试。读者将学会如何借助通义，快速获取知识，提升竞争力。

3.1.1 实战：解读专业术语

随着科技的快速发展，各种专业知识日益增多，但这些知识往往因为专业性强而难以被大众所理解。本小节将介绍如何利用通义解读复杂知识，将其转化为易于理解的内容。

场景

　　小李是一名普通的上班族，对金融投资很感兴趣，在学习过程中，他遇到了"复利效应"这一专业术语，感到难以理解。尽管已经查阅了众多资料，但大部分解释均采用了专业性较强的表述方式，这使得他迫切希望获得一个更加通俗易懂的解释来帮助自己掌握该术语的内涵。

提示词

　　请用通俗易懂的语言解读"复利效应"这一术语，并给出如何利用复利效应进行财富增值的建议。

　　原文：复利效应是指资金投入后，由于利率、时间等因素的影响，资金增值的一种现象。这种效应在投资、消费、创业等方面都可能发生。

　　请确保你的解释清晰明了，建议具体实用，并尽量使用简单易懂的语言。

回答

　　复利效应其实就像是种树，刚开始的时候树很小，但是随着时间的推移，它不仅会长大，还会开花结果。而这些果实如果再种下去，又会长出新的小树，这些新长出来的小树又会继续长大、开花、结果……就这样，最初的那棵树通过不断繁殖，最终可以变成一片森林。

　　在理财中，复利效应就是指你的钱不仅可以生钱，而且这些生出来的钱还可以继续帮你赚钱。比如，你把1000元存进银行，假设年利率是5%，一年后你有1050元。如果你把这1050元继续存入银行，第二年你得到的利息就会比第一年多一些，因为它是基于1050元计算的，而不是最初的1000元。这样年复一年，你的钱就会像滚雪球一样越滚越大。

> 如何利用复利效应进行财富增值？
>
> ……
>
> 通过上述方法，你可以更好地利用复利效应来增加自己的财富。记住，关键在于开始行动，然后坚持下去。

借助通义的解读，复利效应这个在金融投资领域听起来挺复杂的概念，现在也简单易懂了。

提示词进阶

在构建提示词时，应更加注重语言的生动性和例子的贴近性，例如：

- 使用类比和比喻来解释……
- 通过故事或案例来说明……
- 用具体的例子来展示……
- 用平实的语言讨论……，请确保内容既科学准确又易于理解，适合18~22岁的人理解。

3.1.2　实战：实现跨学科知识融合

通过将不同学科的知识融合，可以产生新的视角和解决方案。本小节将介绍使用通义实现跨学科知识融合，激发创新思维。

场景
　　小王正在准备毕业论文，他计划研究社会变迁对人们文化身份认同的影响，但他发现单纯从单一学科视角出发难以深入挖掘问题的本质。于是，他决定引入社会学、心理学等学科的知识，以丰富和完善自己的研究课题。

提示词
　　请从社会学与心理学的视角，提供关于社会变迁对人们文化身份认同的影响的相关内容。内容包括：①梳理社会学和心理学相关理论基础，包括其核心观点和应用场景。②分析社会变迁对人们文化身份认同的具体影响，包括正面和负面影响。③结合案例，探讨社会学与心理学在解释这一现象时的互补性和局限性。请确保研究内容科学、严谨，具有创新性，并注重理论与实践的结合。同时，请提供清晰、简洁的表述，以便我能够轻松理解。

回答

社会变迁对人们文化身份认同的影响：社会学与心理学视角

一、相关理论基础

1. 社会学视角

● 符号互动论：该理论认为，个体的身份认同是在与他人的交往过程中形成和发展起来的。人们通过语言、符号等媒介进行交流，从而构建自我认知和社会角色。在快速变化的社会中，个体需要不断调整自己的身份认同以适应新的社会环境。

● 结构-功能主义：强调社会结构对于个体行为的影响。当社会结构发生变动时，原有的文化规范和价值观可能不再适用，导致个体在寻找新的文化身份时面临挑战。
……

综上所述，社会变迁对人们的文化身份认同产生了深远的影响，既有可能带来积极的改变，也可能引发一系列挑战。通过整合社会学和心理学视角，我们可以更加深刻地理解这一现象，并为促进健康的文化身份认同提供指导。

通过通义的辅助，小王成功地将社会学、心理学等学科的知识和方法引入自己的研究课题中，实现跨学科知识融合，丰富和完善了研究内容。

提示词进阶

在使用通义进行跨学科知识融合探索时，构建提示词应注意明确需要融合的学科领域，详细描述探索的目标和方向，同时可以提供一些个人的研究方向和兴趣点，供通义参考。例如：

请帮我探索心理学与市场营销学的跨学科知识融合。探索需要包括：①学科概述，分别介绍心理学和市场营销学的基本概念；②交叉领域，阐述两者可能的交叉领域和研究方向；③实际应用，提供心理学知识在市场营销策略中的应用案例；④未来趋势，讨论心理学知识在消费者行为分析中的新进展。

3.1.3　实战：准备职业资格考试

职业资格考试是职业发展中的重要环节，它有助于提升个人能力，获得行业认可。通义可以辅助学习者制订学习计划，提供学习资源和模拟练习题，以提高备考效率。

场景

小娜是一名法学专业的学生，计划参加即将到来的法律职业资格考试。为了确保顺利通过考试，小娜需要系统地复习相关法律知识，掌握考试技巧，并进行模拟练习。

提示词

请帮我制定一份法律职业资格考试的备考攻略。攻略应包括：①考试大纲和重点知识点，如宪法、民法、刑法、诉讼法等；②推荐的学习资源，如官方教材、在线课程、国家法律法规数据库等；③备考时间表，规划每天的学习时间和内容安排；④考试技巧，如如何有效回答选择题、案例分析题等；⑤模拟练习题，提供一些典型的练习题和答案解析。请确保攻略内容翔实、实用，有助于提高备考效率。

回答

法律职业资格考试备考攻略

一、考试大纲和重点知识点

1.宪法

- 宪法的基本原则。
- 国家机构。
- 公民的基本权利与义务。
- 宪法实施保障。

......

答案解析：

- 甲公司的请求合理。根据《中华人民共和国民法典》，双方当事人应当按照约定履行各自的义务，乙公司未按期支付货款构成违约。
- 若乙公司提出货物质量问题作为抗辩理由，则需提供相应证据证明。法院应当审查证据的真实性与关联性，若证据成立，则可减轻或免除乙公司的违约责任；反之，则支持甲公司的诉讼请求。

以上攻略旨在帮助你高效备考法律职业资格考试，希望对你有所帮助！祝你考试顺利！

通过通义的帮助，小娜获得了一份全面的备考攻略，不仅明确了考试的重点和难点，还获得了丰富的学习资源和实用的考试技巧。这为她顺利通过法律职业资格考试打下了坚实的基础。

提示词进阶

在使用通义辅助准备职业资格考试时，构建提示词应注意明确考试的名称和要求，详细描述需要准备的内容和个人的学习偏好，同时可以提供一些个人的基本情况和学习目标。例如：

请帮我准备注册会计师（CPA）考试。要求包括：①考试大纲，提供CPA考试的知识点概览；②学习资源，推荐相关的在线课程和专业论坛；③练习题目，提供模拟题和案例分析；④学习计划，制订一个结合我工作日程的学习计划；⑤考试策略，给出多选题的解题技巧和考试时间分配建议。请确保备考材料覆盖最新的考试内容，并适合我这种有一定基础但需要系统复习的学习者。

3.2　互动式学习

互动式学习能够显著提高学习者的参与度，提升学习效果。本节将介绍如何通过通义实现即时解答学习难题、文言文翻译和跨语言翻译等。

3.2.1　实战：即时解答学习难题

通义可以即时解答学习难题，帮助学习者快速获得准确的答案，解决学习中的困惑，提升学习体验和效果。

场景

> 小赵在学习金融相关知识时，遇到了诸多难题，需要查找资料解决难题。

提示词1

> 你是一位金融领域的专家。请针对我提供的在学习中遇到的问题，给出即时解答。请确保你的解答详细阐述解题思路和相关知识点，同时尽量风趣幽默，让复杂的金融知识变得通俗易懂，并避免使用过于复杂或专业的术语。同时，请确保你的解答清晰明了、易于理解，并尽可能提供具体的案例来支持你的解答。

回答

> 当然可以！请告诉我你在学习金融知识的过程中遇到了什么问题，我会尽力用简单有趣的方式帮你解决疑惑。无论是股票投资、债券分析、风险管理还是其他金融领域的问题，只要你说出来，我都会努力为你解答，让你觉得这些知识既好玩又好懂。比如，如果你想了解什么是股票，我可能会说："股票就像是一家公司的小小一块。当你买了这家公司的股票，你就成了这家公司的小小老板之一，可以分享公司的利润，当然，也有可能会承担亏损的风险。"怎么样，这样的解释是不是更容易理解呢？现在，告诉我你的问题是什么吧！

提示词2

怎么理解金融市场的风险？

回答

　　咱们来聊聊金融市场的风险。这就好比你去探险，不知道前面是一马平川还是荆棘满布。

　　金融市场的风险啊，简单来说就是不确定性。比如说你买了一只股票，你满心期待它能大涨让你赚得盆满钵满，可它可能跌得让你血本无归，这就是风险。

　　再比如，利率的变动也可能带来风险。原本你觉得能从银行拿到不错的利息，结果利率大幅下降，你得到的收益就比预期少很多。

　　还有市场风险，整个市场的波动，像经济形势不好啦、行业的兴衰啦，都能让你的资产价值起起伏伏。

　　信用风险也得注意，借你钱的人或者公司要是还不上钱，那你可就亏大了。

　　总之，金融市场的风险就像天气一样，变幻莫测，咱们得时刻保持警惕，作好应对的准备，才能在这个充满挑战的市场里乘风破浪！明白了吗？

提示词3

如何制订个人理财计划？

回答

　　制订个人理财计划就像是给自己画一幅财富蓝图。

　　首先呢，你得搞清楚自己到底有多少"家底"，把你的收入、支出都明明白白地列出来，这叫摸清财务状况。

　　接下来，设定一个清晰的目标。是想买套房？还是准备提前退休去环游世界？目标明确了，才有努力的方向。

　　然后，根据你的目标和风险承受能力来分配资产。比如说，一部分钱存银行，稳稳拿点利息，这部分比较安全；再拿一部分投资股票，可能赚得多，但风险也大，就像冒险但可能有大收获；还可以买点基金，让专业的人帮你打理。

　　别忘了考虑保险。它就像给财富穿上一层防护服，万一有个病啊、灾啊，不至于让财务状况一落千丈。

　　还有，制订了计划可不能扔一边不管，要定期检查，看看有没有跑偏，根据实际情况调整。

　　总之，制订个人理财计划就像搭积木，一块一块稳稳地搭，才能搭出财富的大厦！怎么样，是不是心里有点谱啦？

　　通过上述方式，将通义定义为某一特定领域的专家，在对话过程中用户能够持续地提出问题，与通义进行互动，以解决在学习过程中遇到的难题。

提示词进阶

在构建提示词时，应进一步明确问题所涉及的领域和应用场景，例如：

请作为金融投资领域的专家，针对在股票投资分析中所遇到的如何评估公司财务状况这一问题，提供详细的解答。解答需包括从资产负债表、利润表等主要财务报表角度出发的分析思路，结合实际案例，如某上市公司的财务数据进行说明，同时语言要风趣幽默、通俗易懂，避免过于复杂专业的术语。

3.2.2　实战：文言文翻译

文言文是中国传统文化的重要组成部分，但对于现代人来说，理解和翻译文言文常常是一大挑战。本小节将介绍如何利用通义将文言文翻译成白话文，帮助学习者更好地理解和欣赏古代文学作品。

场景

小李正在阅读《红楼梦》。由于书中包含大量文言文，小李在理解某些语句时遇到了困难。

提示词

请将《红楼梦》中的一段文言文翻译成白话文："假作真时真亦假，无为有处有还无。"请确保翻译准确、流畅，保留原文的情感和意境。

回答

这句话出自《红楼梦》第五回，原文中的"假作真时真亦假，无为有处有还无"可以翻译为如下白话文。

"当虚假被当作真实的时候，真实也就变成了虚假；在没有的地方硬要说有，最终还是归于虚无。"

这段话深刻揭示了《红楼梦》中关于真假、有无的哲理思考。它描述的是世间万物并非黑白分明，真假难辨，有无相生的道理。通过这句话，曹雪芹不仅表达了对现实世界复杂性的深刻洞察，也引导读者思考生活中那些看似明确的概念——如真假、有无——实际上是多么模糊和相对。翻译时尽量保持了原句的哲理深意和情感色彩，让读者能够感受到其中蕴含的深邃意境。

通过通义的帮助，小李成功地将文言文翻译成了白话文，不仅更好地理解了原文的意思，还体会到了其中蕴含的丰富情感和文化内涵。

提示词进阶

在构建文言文翻译提示词时，应注重对原文的准确理解和译文的流畅表达。例如，可以提供更加详细的翻译要求和背景信息，以便通义给出更加符合要求的译文。例如：

请将以下《论语》中的文言文段落翻译成现代汉语，并尽可能保留原文的思想和修辞手法。"曾子曰：'吾日三省吾身：为人谋而不忠乎？与朋友交而不信乎？传不习乎？'"请确保译文准确、流畅，能够传达出原文的深刻内涵和韵味。

3.2.3 实战：高效语言翻译

通义可以帮助用户实现高效、准确的跨语言翻译。无论是日常交流还是专业文献翻译，通义都能提供高质量的翻译服务，帮助用户跨越语言障碍，拓宽知识视野。

场景

小锋在处理一份商务邮件时，需要将中文邮件翻译成英文。尽管他具备一定的英语基础，但在准确表达专业术语上仍感吃力。

提示词

请将以下中文邮件翻译成英文。

"尊敬的客户，你好！感谢你对我们公司的支持。我们已经收到你的订单，并将在一周内发货。如有任何问题，请随时联系我们。祝你一切顺利！"

请确保翻译准确、流畅，符合商务邮件的规范。

回答

Dear Valued Customer:

Hello! Thank you for your support of our company. We have received your order and will ship it within one week. If you have any questions, please feel free to contact us at any time. Wishing you all the best!

Best regards!

[Your Company Name]

跨语言翻译需要准确理解原文的含义，并恰当运用目标语言进行表述。

提示词进阶

在使用通义进行跨语言翻译时，构建提示词应注意明确翻译的语言和内容，详细描述需要翻译的文本和翻译要求，同时可以提供一些个人的沟通目的和背景信息。例如：

请帮我翻译以下法语文本，并提供商务沟通的策略和建议。翻译需要包括：①文本翻译，将法语文本翻译成英语文本；②专业术语，确保专业术语的准确翻译；③沟通策略和建议，根据翻译内容提供商务沟通的策略和建议；④文化差异，指出在与法国合作伙伴沟通时需要注意的文化差异。请确保翻译准确，能够帮助我有效地与法国合作伙伴进行沟通。法语文本：（省略）。

3.3　学术论文

撰写高质量的学术论文是学术研究的重要环节。本节将通过实战案例讲解如何利用通义查找文献、提供研究方法论建议、进行论文结构规划以及进行引用与参考文献管理。

3.3.1　实战：查找文献

在学术研究领域，查找文献是撰写高质量学术论文的基础。通义能够帮助研究人员高效地检索和筛选相关文献，节省宝贵的研究时间，提高研究工作的效率。

场景

> 李明是一名研究生，正在准备他的毕业论文。他需要查找与"可持续发展"相关的文献，以构建他的研究理论框架。他希望找到最新的研究成果和经典理论，以便进行深入分析和讨论。

提示词

> 深度搜索：请帮我查找与"可持续发展"主题相关的文献。需要给出：①最新的研究成果；②该领域内的经典理论；③相关的案例研究；④研究方法论的综述。

回答

> 与"可持续发展"主题相关的文献
>
> 1. 最新的研究成果
>
> 《地球大数据支撑可持续发展目标报告（2024）》
>
> 摘要：利用多源卫星遥感数据和AI算法对全球7个可持续发展目标及中国227个可持续发展指标进行了定量评估。报告显示，中国在工业节能减排、可再生能源发展等方面贡献显著。
>
> ……
>
> 这些文献涵盖了可持续发展领域的多个方面，希望能够为你提供有价值的信息和启示。如果你需要更具体的文献或有其他需求，请随时告知。

通过通义的深度搜索功能，可以快速找到高质量的文献资源，为后续的研究工作打下坚实的基础。

提示词进阶

在构建提示词时，应明确文献的时间范围、研究领域和文献类型，例如：

请帮我查找与"可持续发展"主题相关的文献。需要给出：①最新的研究成果，特别是近3年内发表的论文；②该领域内的经典理论，包括但不限于可持续发展的基本原则和模型；③相关的案例研究，特别是那些在不同文化和经济背景下的实践；④研究方法论的综述，包括定量和定性研究方法的比较分析。请确保文献来源权威，如被 SCI、SSCI 或 A&HCI 收录的期刊。

3.3.2　实战：研究方法论建议

研究方法论是学术论文中不可或缺的部分，它决定了研究的质量和可信度。通义能够为研究人员提供专业的研究方法论建议，帮助研究人员选择合适的研究方法，确保研究的有效性。

场景

小华是一名社会科学领域的研究人员，她正在进行一项关于"城市化进程中社会不平等"的研究。她需要确定合适的研究方法，包括数据收集、样本选择和数据分析方法的确定，以确保研究结果的准确性和可靠性。

提示词

请为我提供关于"城市化进程中社会不平等"研究的研究方法论建议。建议需要包括：①数据收集的方法，如何查问卷、深度访谈等；②样本选择的标准和方法；③数据分析的方法，如统计分析、内容分析等；④研究设计的可行性评估。

回答

研究方法论建议：城市化进程中社会不平等

1. 数据收集的方法

1.1　调查问卷

● 目的：收集大规模样本的基本信息、社会经济状况、居住条件、教育水平、就业情况等数据。

● 实施：设计标准化问卷，确保问题清晰、简洁，避免引导性问题。问卷可以通过在线平台（如问卷星、腾讯问卷等）发放或以纸质问卷的形式在线下发放。

● 优点：可以获得大量数据，便于量化分析。

● 缺点：回答可能存在偏差，难以深入了解个体的深层次感受。

1.2 深度访谈

……

4.研究设计的可行性评估

- 资源评估：评估研究所需的资源，包括人力、物力、财力等，确保研究的可行性。
- 时间安排：制定详细的时间表，确保各阶段的任务按时完成。
- 风险管理：识别可能的风险和挑战，制定相应的应对措施，确保研究的顺利进行。

通过以上方法论建议，你可以系统地进行"城市化进程中社会不平等"的研究，确保数据的可靠性和研究结果的有效性。希望这些建议对你的研究有所帮助。如果有任何问题或需要更具体的指导，请随时联系。

根据通义的建议，研究人员可以更加科学地设计研究方案，选择合适的研究方法，从而提高研究的质量和可信度。

提示词进阶

在构建提示词时，可以明确研究的具体问题和目标，以及预期的研究结果，例如：

请为我提供关于"城市化进程中社会不平等"的研究方法论建议。建议需要包括：①数据收集的方法，特别是如何设计调查问卷以获取高质量的数据；②样本选择的标准和方法，包括样本的代表性和多样性；③数据分析的方法，如使用哪种统计软件进行数据分析，以及如何进行数据的可靠性和效度检验；④研究设计的可行性评估，包括研究设计的潜在偏差和如何控制这些偏差。请确保建议的专业性和实用性，以便我能够高效地开展研究工作。

3.3.3　实战：论文结构规划

论文结构规划是撰写论文的重要环节，它直接影响到论文的逻辑性和可读性。通义能够帮助用户合理规划论文结构，确保论文内容的条理清晰和逻辑严密。

场景

赵婷是一位研究生，她正在准备一篇关于"AI在医疗领域的应用"的论文。她需要规划论文的结构，包括引言、文献综述、方法论、结果分析和结论等部分，以确保论文的完整性和系统性。

提示词

请帮我规划关于"AI在医疗领域的应用"的论文的结构。结构需要包括：①引言，概述研究背景和目的；②文献综述，总结前人研究成果；③方法论，描述研究方法和数据来源；④结果分析，展示研究发现；⑤结论，总结研究贡献，提出未来研究方向。

回答

撰写关于"AI在医疗领域的应用"这一主题的论文时，结构清晰、逻辑严谨是至关重要的。下面是基于你提出的要求的论文结构建议，旨在帮助你构建一篇全面且有深度的论文。

1. 引言

● 背景介绍：简要介绍AI技术的发展及其对各行各业的影响，特别是医疗领域。可以介绍近年来AI技术如何逐步渗透到疾病诊断、治疗方案推荐、患者管理等环节中。

● 研究意义：阐述研究该课题的重要性，比如提高医疗服务效率、降低成本、改善患者体验等。

● 研究目的与目标：明确本文旨在探讨的具体问题，例如特定AI技术在某类疾病诊疗中的应用效果评估。

● 论文结构概述：简要说明全文的主要框架和各部分主要内容。

……

5. 结论

● 研究贡献：总结本研究的主要成果及其对理论和实践的意义。

● 未来展望：提出基于现有研究的改进建议，以及值得进一步探索的方向。

● 结束语：以简洁有力的语句结束全文，重申研究的重要性和价值。

希望上述结构能够为你的论文写作提供一定的指导。每一步都非常重要，确保内容翔实、逻辑严密将有助于提升整篇论文的质量。祝你写作顺利！

通过通义的辅助，用户可以规划论文的结构，系统地组织论文内容，提高论文的逻辑性和可读性。

提示词进阶

在使用通义进行论文结构规划时，构建提示词应注意明确研究主题和论文类型，详细描述研究目的和预期结构，同时可以提供一些个人的研究方向和偏好，供模型参考。例如：

请帮我设计关于"气候变化对农业生产影响"的论文的结构。结构需要包括：①引言，介绍气候变化的背景和它对农业生产的重要性；②文献综述，评述气候变化与农业生产相关研究的现状；③研究方法，阐述将采用的气候模型和农业产出数据；④结果分析，展示模型预测的结果和可能的影响；⑤讨论，探讨结果对农业政策制定的意义；⑥结论，总结研究的主要发现，提出未来研究方向。

3.3.4 实战：参考文献的格式化管理

参考文献是学术论文的重要组成部分，正确的参考文献格式不仅能够增强论文的可信度，还能体现作者端正的学术态度和严谨性。

场景　　小伟是一名研究生，正在撰写一篇关于心理学的论文。在论文中，他引用了一些文献来支持自己的观点，但这些文献的格式并不统一。为了确保论文的规范性和专业性，他需要将所有引用与参考文献的格式转换为GB/T 7714—2015格式。

提示词　　请帮我将论文中的引用与参考文献的格式转换为GB/T 7714—2015格式。请确保每篇文献的作者姓名、文章标题、出版年份、期刊名称（或图书名称）、卷号（如适用）、页码（如适用）等信息均按照GB/T 7714—2015格式要求进行格式化处理，并生成一个规范的GB/T 7714—2015格式参考文献列表。论文中的参考文献如下。

（略）。

回答　　略。

不同学科对参考文献有不同的格式要求，用户可以针对不同的要求调整提示词。

 提示词进阶

在构建提示词时，应提供具体的参考文献内容，强调格式的规范性和内容的完整性，例如：

请帮我将论文中的参考文献的格式转换成GB/T 7714—2015格式。要求包括：①参考文献中作者姓名的顺序应为姓在前，名在后，且名只保留大写的首字母；②参考文献列表中的详细信息应包括文章标题、期刊名称、卷号、期号、出版年份和具体的页码范围；③确保所有参考文献的格式一致性，如斜体和引号的使用，以及参考文献列表的悬挂缩进。请确保参考文献的格式规范，以便我的论文符合学术出版的标准。此外，对于电子资源和多作者文献的引用，也应遵循GB/T 7714—2015的最新版文件进行格式化。

具体参考文献内容如下：[列出具体文献信息，包括作者、文章标题、出版年份、期刊名称、卷号（如适用）、页码（如适用）等]。

3.4　成长规划

个人成长规划对于职业发展具有重要意义。本节将通过实战案例讲述如何利用通义帮助用户制定与分解目标，制订技能提升计划、职业发展规划以及创业项目计划。

3.4.1 实战：目标的制定与分解

目标的制定与分解是个人和团队成功的关键。明确的目标能够提供方向，而合理的分解则能确保目标的可实现性和可衡量性。本小节将介绍如何利用通义的智能辅助功能，帮助用户高效地制定与分解目标，确保目标的科学性和可行性。

场景

> 李明是一家科技公司的部门经理，他需要在新的一年里带领团队完成公司的业绩目标。为了确保团队能够高效、有序地完成工作，他需要制订一份清晰、可行的目标计划，并将其分解，以分配给每个团队成员，确保每个人都明确自己的任务和责任。

提示词

> 请帮我制订一份目标制定与分解的计划书。计划书应包括：①公司整体目标的明确描述；②将公司整体目标分解为部门目标，并说明分解的依据和逻辑；③将部门目标进一步分解为个人目标，确保每个团队成员都有明确的任务和责任；④设定目标的完成时间和关键里程碑；⑤制定目标的评估和考核方法，以确保目标的达成。请确保计划书内容翔实、逻辑清晰，具有可操作性和可衡量性。

回答

> **公司目标制定与分解计划书**
>
> 1.公司整体目标的明确描述
>
> ● 目标描述：在未来一年内，使公司年收入增长30%，同时提高客户满意度至95%以上，增强公司的市场竞争力和品牌影响力。
>
> ● 背景分析：随着行业竞争的加剧和技术的快速发展，公司需要不断创新，优化产品和服务，以满足客户日益增长的需求，保持公司在行业中的领先地位。
>
> ……
>
> ● 客户反馈：通过调查问卷、在线评价等方式收集客户反馈，作为评估客户满意度的重要参考。
>
> ● 市场表现：关注市场份额、新增客户数等市场指标，作为评估市场影响力的标准。
>
> 通过上述计划书的制订，可以确保公司的整体目标被有效地分解至各个层级，每个人都能清楚自己的任务和责任，从而共同推动公司目标的实现。同时，通过定期的评估和考核，可以及时发现问题并作出调整，保证目标顺利实现。

将目标、分解的依据数据等相关信息发送给通义，即可得到目标制定与分解计划书。

提示词进阶

在构建提示词时，应明确目标的具体内容和分解的具体要求，确保每个任务和里程碑的清晰性和可操作性。例如：

请帮我制定为期一年的产品开发项目的目标，并将其分解为具体的任务和里程碑。需要包括：①项目总体目标，如开发高性能的智能家居系统；②阶段性目标，如第一季度完成需求分析和初步设计，第二季度完成原型开发和测试，第三季度完成最终产品开发和用户测试，第四季度完成产品上市准备；③关键任务和责任人，如需求分析由产品经理负责，原型开发由研发团队负责，用户测试由质量保证团队负责；④时间安排和里程碑，如2025年1月底完成需求分析，2025年6月底完成原型开发，2025年9月底完成最终产品开发，2025年12月底完成产品上市准备。请确保目标明确、可衡量，并提供简要的任务说明。

3.4.2　实战：技能提升计划

制订技能提升计划是个人职业发展的关键，合理的计划能够帮助个人明确发展方向，提高专业能力和竞争力。

场景

小王是一名市场部的新员工，他需要快速提升自己的市场分析和营销能力，以便更好地胜任工作。为此，他需要制订一份详细的技能提升计划，明确自己的学习目标、学习内容、学习时间安排和学习方法，确保自己能够在短时间内取得显著的进步。

提示词

请帮我制订一份市场分析和营销能力提升计划。计划内容应包括：①明确的学习目标和预期成果；②具体的学习内容和资源；③详细的学习时间安排；④学习方法的选择和运用；⑤学习效果的评估和反馈。请确保计划内容翔实、具有可操作性和可衡量性，并考虑实际情况和可行性。同时，请提供具体的实施步骤和时间安排，以便我能够按照计划逐步提升自己的市场分析和营销能力。

回答

市场分析和营销能力提升计划

1.明确的学习目标和预期成果

（1）学习目标。

- 掌握市场分析的基本理论和方法。
- 熟悉各种营销策略和工具的应用。
- 提高数据分析能力，能够利用数据驱动决策。

……

5. 学习效果的评估和反馈

- 自我评估：每月底对自己的学习进度进行回顾，检查是否达到预定的学习目标。
- 外部反馈：寻求同行的专业意见，了解自己在哪些方面需要进一步改进。
- 调整优化：根据自我评估和外部反馈的结果，及时调整学习计划，确保持续进步。

通过以上计划的实施，你将能够系统地提升自己的市场分析和营销能力，为职业发展打下坚实的基础。希望这个计划对你有所帮助！

通过通义生成技能提升计划后，用户可以根据自身情况进行调整，确保计划的科学性和可操作性。

 提示词进阶

在构建提示词时，应明确具体的学习内容和资源，确保计划的可行性和可操作性。例如：

请帮我制订一份为期半年的技能提升计划。计划应包括：①学习目标，如掌握 Python 编程语言和 Django 框架，提高程序设计能力；②具体的学习内容和资源，如《Python 编程从入门到实践》、Django 官方文档、力扣（LeetCode）上的算法题目、在线课程平台上的相关课程；③时间安排和进度检查点，如每周学习 10 小时，每月进行一次自我评估，每两个月完成一个小项目；④评估方法和反馈机制，如通过编写代码项目和参加在线测验来检验学习成果，定期向导师或同事寻求帮助，参加技术社区的交流活动。请确保计划具体、可行，并提供简要的学习指导。

3.4.3 实战：职业发展规划

制订职业发展规划是个人职业生涯成功的关键。一个合理的职业发展规划能够帮助个人明确职业目标，制定实现目标的具体路径，提升职业素养和竞争力。

场景

小李是一名刚入职的市场营销专员，希望在未来 5 年内成为公司的市场部经理。为了实现这一目标，他需要制订一个详细的职业发展规划，包括短期和长期目标、所需技能和资源、时间安排和里程碑、评估方法和反馈机制。

提示词

你是一位职业规划师。我是一位刚入职的市场营销专员，目标是 5 年内成为市场部经理，请帮我制订一个为期 5 年的职业发展规划。规划应包括：①短期和长期职业目标；②所需技能和资源；③时间安排和里程碑；④评估方法和反馈机制。请确保规划具体、可行，并提供简要的指导。

回答

5年职业发展规划：市场营销专员 → 市场部经理

一、短期和长期职业目标

1.短期目标（1~2年）

● 职位目标：成为公司内的市场营销专家，负责特定领域的市场推广活动。

● 技能目标：掌握市场分析、数字营销、内容营销等核心技能。

● 项目目标：成功主导至少两个大型市场推广项目，取得显著成效。

……

4.评估方法和反馈机制

● 定期自我评估，每半年回顾一次个人成长与目标达成情况。

● 向上级主管寻求反馈，了解自己在工作中的表现以及改进空间。

● 利用绩效考核结果作为调整职业规划的重要依据。

通过以上规划的实施，你将能够在5年内逐步成长为一名优秀的市场部经理，为职业发展奠定坚实的基础。希望这个规划对你有所帮助！

通过通义生成职业发展规划后，用户可以根据自身情况进行调整，确保规划的科学性和可操作性。

提示词进阶

在使用通义进行职业发展规划时，构建提示词应注意明确个人的职业背景和发展方向，详细描述个人的职业兴趣和目标，同时可以提供一些个人的职业成就和面临的挑战，供模型参考。例如：

请帮我进行职业发展规划，并提供建议。职业发展规划需要包括：①个人评估，分析我的编程技能、项目管理经验和对AI的兴趣；②行业趋势，介绍IT行业的最新发展趋势和未来机会；③职业目标，设定成为技术团队领导者的短期和长期目标；④发展策略，提供提升我的技术领导力和团队管理能力的具体策略；⑤转型建议，如果我考虑从技术开发转向产品管理，请为我提供必要的技能学习和实践建议。请确保建议符合当前市场的需求，并能够帮助我实现职业成长。

3.4.4 实战：创业项目计划

制订创业项目计划是创业者获得成功的关键。合理的创业项目计划能够帮助创业者明确商业目标，制定实现目标的具体路径，降低创业风险。

场景

　　小张是一名创业者，计划开一家专注于健康食品的网店。为了确保创业项目的顺利推进，他需要制订一个详细的创业项目计划，包括市场调研和分析、产品定位和竞争优势、营销策略和渠道选择、预算和时间表、风险评估和应对措施。

提示词

　　请帮我制订一个创业项目计划，项目名称为"健康食品网店"。计划应包括：①市场调研和分析；②产品定位和竞争优势；③营销策略和渠道选择；④预算和时间表；⑤风险评估和应对措施。请确保计划具体、可行，并提供简要的指导。

回答

创业项目计划：健康食品网店

　　一、市场调研和分析

　　①市场背景。

　　● 趋势分析：随着人们健康意识的提高，健康食品市场呈现出快速增长的趋势。消费者越来越注重食品的营养成分和来源，尤其青睐有机、无添加、低糖、低脂等健康食品。

　　● 目标市场：主要针对25—45岁的中高收入群体，特别是都市白领、健身爱好者、孕妇等。

　　......

　　④营销推广：制订详细的营销计划，充分利用多种渠道进行品牌宣传，提高品牌知名度。

　　⑤用户服务：建立完善的售后服务体系，及时处理用户反馈，提升用户满意度。

　　通过以上计划的实施，你的健康食品网店将能够在激烈的市场竞争中脱颖而出，实现可持续发展。希望这个计划对你有所帮助！

　　创业项目计划要全面考虑目标市场、产品定位、营销、预算和风险等方面。通义可以辅助创业者更好地制订创业项目计划，提高创业项目的可行性。

提示词进阶

　　在构建提示词时，应明确创业项目的重点方向和期望达到的市场效果，例如：

　　请作为餐饮行业和互联网行业的专家，提供关于互联网餐饮创业项目中配送服务方面的项目策划书，重点方向为打造高效、便捷的配送服务体系，期望达到的市场效果为提高配送效率和客户满意度。建议应包括市场调研、目标市场选择、产品和服务定位、营销策略、预算和时间表、风险评估以及应对措施。其中市场调研要调查配送市场的现状和需求，目标市场为城市年轻上班族，产品和服务定位为快速、便捷的配送服务，营销策略包括线上线下宣传、优惠活动等，预算和时间表要合理安排，风险评估包括对交通拥堵、配送人员流失等的评估，应对措施包括优化配送路线、提高员工待遇等。

3.5 育儿助手

育儿是一项充满挑战的任务，需要家长投入大量的时间和精力。本节将通过实战案例介绍如何将通义作为育儿助手，内容包括育儿知识问答、个性化故事创作以及孩子作业辅导。

3.5.1 实战：育儿知识问答

育儿知识问答是帮助家长解决育儿过程中遇到的各种问题的有效工具。通义能提供准确、实用的育儿知识，让家长可以更好地照顾孩子，促进孩子的健康成长。

场景

> 小文是一位新手妈妈，她在育儿过程中遇到了很多问题，如宝宝的喂养、睡眠、疾病预防等。为了获得实用的育儿知识，她决定使用通义来生成一系列育儿知识问答。

提示词

> 请帮我生成一系列育儿知识问答，涵盖以下主题：①宝宝的喂养；②宝宝的睡眠；③宝宝的疾病预防；④宝宝的行为习惯。请确保每个问题和答案准确、实用，并提供简要的解释和建议。

回答

> ### 育儿知识问答
>
> 1. 宝宝的喂养
>
> Q1：新生儿应该多久喂一次奶？
>
> A1：新生儿通常需要每2~3小时喂一次奶，包括夜间。新生儿的胃很小，需要频繁进食以满足生长发育的需要。母乳喂养的宝宝通常比配方奶喂养的宝宝需要更频繁地进食。
>
> ......
>
> Q12：如何纠正宝宝的不良行为？

> A12：（1）明确规则：制定简单明了的家规，让宝宝知道什么是可以做的，什么是不可以做的。
>
> （2）正面强化：表扬宝宝的好行为，增强其保持好行为的动力。
>
> （3）一致性：所有家庭成员在教育方式上保持一致，避免宝宝混淆。
>
> （4）耐心沟通：用平和的语气与宝宝沟通，解释为什么某种行为是不合适的。
>
> 希望这些问答能帮助你在育儿过程中更好地照顾宝宝，祝你和宝宝健康快乐！

育儿知识问答需注重准确性和实用性，确保每个问题和答案都能满足家长的实际需求。通过通义生成育儿知识问答后，用户可以根据自身情况进行学习，积累更多的育儿知识。

提示词进阶

在构建提示词时，应细化问题的背景信息并确保答案的科学性和实用性，例如：

请回答一些关于育儿的问题。问题包括：①如何通过日常活动促进一岁孩子的语言能力发展，例如通过什么类型的游戏或歌曲；②推荐适合一岁孩子的安全玩具，包括促进感官发展和精细动作能力发展的玩具；③提供一岁孩子的健康饮食建议，包括适合他们的营养食谱；④在早期教育中应该注意的事项，如何平衡自由探索和安全防护。请确保答案的科学性和实用性，以便我能够更好地照顾和教育孩子。

3.5.2 实战：个性化故事创作

让孩子阅读个性化故事是一种寓教于乐的方式，个性化故事能够激发孩子的想象力和创造力。通义能够帮助家长或教育工作者根据孩子的兴趣和特点创作故事，使故事更加符合孩子的喜好。

场景

李伟是一位父亲，他想为他5岁的女儿创作一个关于勇气和友谊的个性化故事。他希望故事能够包含女儿喜欢的动物，如小猫和小狗，并融入一些冒险元素。

提示词

请帮我创作一个关于勇气和友谊的个性化故事。要求包括：①主角是一只小猫和一只小狗；②故事中包含一些冒险元素；③故事能传达勇气和友谊的重要性；④适合5岁孩子的语言和情节复杂度。

回答

在一个充满阳光的小镇上，住着一对要好的朋友：米米，一只活泼可爱的小猫；旺旺，一只忠诚勇敢的小狗。它们总是一起玩耍，一起探险，小镇上的每个角落都留下了它们快乐的身影。

有一天，米米和旺旺听说在小镇另一边的森林深处，有一个传说中的"友谊之泉"。据说，只要真心的朋友一起找到这个泉水，就能让它们的友谊更加坚固。听到这个消息，米米和旺旺兴奋极了，决定踏上寻找友谊之泉的旅程。

……

从此以后，米米和旺旺的友谊故事在小镇上被传为佳话，激励着每一个听到这个故事的小朋友，让它们知道，只要有勇气和真挚的友谊，就没有克服不了的困难。

使用通义创作的个性化故事不仅能够提高孩子的阅读兴趣，还能够传递积极的价值观。

提示词进阶

在构建提示词时，应注重故事的趣味性和教育性，例如：

请帮我创作一个关于勇气和友谊的个性化故事。要求包括：①主角是一只小猫和一只小狗，它们在故事中展现出不同的性格特点和互补的能力；②故事中包含一些冒险元素，如探索未知的森林或解开谜题；③故事要传达勇气和友谊的重要性，通过角色之间的互动和面临的挑战来体现；④适合5岁孩子的语言和情节复杂度，确保故事简单易懂且富有教育意义。请确保故事的趣味性和教育性，以便我能够通过故事与孩子建立更深层次的联系。

3.5.3　实战：辅导孩子作业

通义可以帮助家长高效地辅导孩子的作业，提供详细的解题思路和方法，确保孩子在学习过程中遇到的问题能够及时得到解决，提升孩子的学习效果和自信心。

场景

小李是一位家长，他的孩子目前就读初中。最近在做数学作业时，孩子遇到了一个难题：如何求解一个二元一次方程组。小李希望得到更通俗易懂的解释，以便孩子能够掌握数学原理，并且他还需要一些练习建议来帮助孩子巩固学习。

提示词

请帮我解决一个具体的数学问题：求解二元一次方程组 $2x+3y=12$ 和 $4x-y=6$。要求包括：①方程组的逐步求解过程；②解释每一步的数学原理；③提供类似题型的练习建议。

回答

好的，我们来详细解析这个问题，并确保解答方式适合小学五年级学生的理解水平。

1. 求解步骤

步骤 1：使用加减消元法。

我们可以选择消去 y 或者 x。这里我们选择消去 y，因为它在第二个方程中的系数是 -1，比较容易处理。

首先，我们需要让两个方程中 y 的系数（绝对值）相同。为此，我们可以将第一个方程乘 1，第二个方程乘 3，使得两个方程中 y 的系数分别为 3 和 -3。

- 第一个方程不变：$2x+3y=12$。
- 第二个方程乘 3：$12x-3y=18$。

……

（2）变化练习：改变方程中的系数。

$5x+3y=21$

$10x-6y=12$

实际应用：设计一些生活场景中的问题，比如购买水果时，苹果和香蕉的总价问题，通过建立二元一次方程组来解决。

希望这些内容能够帮助你更好地理解和掌握二元一次方程组的解法！如果还有任何疑问，欢迎继续提问。

通过上述提示词，用户可以获得清晰的求解步骤和数学原理解释，从而加深对知识点的理解和掌握。另外，用户可以通过通义 App 的【拍照】功能，更加方便和准确地进行作业辅导。

提示词进阶

在辅导孩子作业时，构建提示词应注意明确年级科目和具体问题，详细描述孩子遇到的困难和需求，同时可以提供一些孩子的学习习惯和成绩情况。例如：

请帮我辅导孩子完成初中一年级的英语作业。辅导需要包括：①语法解析，提供英语语法题目的详细解析；②词汇学习，介绍有效的词汇记忆方法和扩展词汇量的建议；③听力练习，推荐一些适合孩子水平的英语听力材料；④口语交流，提供一些鼓励孩子进行英语口语实践的技巧和活动。

3.6 心理健康

心理健康对于个人的幸福感和生活质量至关重要。本节将通过实战案例讲述如何利用通义指导情绪管理、提供压力应对建议。

3.6.1　实战：情绪管理指导

　　情绪管理是个人生活和职业发展中不可或缺的一环。通义能进行情绪管理指导，帮助个体识别、理解并有效调节自己的情绪，从而提升生活质量和工作效率。

场景　小张是一名职场新人，最近他因为工作压力和人际关系问题感到焦虑和沮丧。为了更好地管理自己的情绪，他决定使用通义来获取一些情绪管理方面的指导和建议。

提示词　请帮我生成一套情绪管理指导方案，方案需要包括：①情绪识别和表达；②情绪调节技巧；③日常情绪管理方法；④心理调适建议。请确保方案具体、实用。

回答

情绪管理指导方案

　　情绪管理是一项重要的技能，它能帮助我们更好地理解自己的内心世界，提高生活质量。本方案旨在提供一套具体、实用的情绪管理方法，帮助个人有效识别、表达、调节和管理情绪。

　　1. 情绪识别和表达

　　● 情绪日记：每天记录自己的情绪状态，包括所处的情境、当时的情绪反应及后续的行为。这有助于提高对自身情绪的认识。

　　● 情绪词汇表：学习更多描述情绪的词汇，如快乐、悲伤、愤怒、焦虑等，以便更准确地表达自己的感受。

　　……

　　情绪管理是一个持续的过程，需要时间和耐心。通过实践上述建议，你可以逐渐建立起更加健康、科学的情绪管理模式。希望这份指导方案能够对你有所帮助。如果你有任何特定的需求或遇到困难，建议你咨询专业的心理医生。

　　通过上述提示词，为用户提供了一套全面且实用的策略，可以帮助用户有效应对各种情绪问题，提升情绪智力和生活质量，在具体实操中，可以根据情况，调整提示词的要点即可。

提示词进阶

　　在构建提示词时，应细化情绪管理的各个方面，并确保方案的系统性和实用性，例如：

　　请帮我制订一套情绪管理的指导方案。方案需要包括：①情绪识别的方法，如日记记录和情绪自评量表；②情绪调节的策略，如深呼吸、正念冥想和积极思考；③应对负面情绪的技巧，如认知重构和情绪释放练习；④长期情绪管理的计划，包括定期的情绪检查和情绪调节技巧的日常练习。请确保指导方案的系统性和实用性，以便我能够有效地管理情绪并提高情绪智力。

3.6.2 实战：压力应对建议

在现代社会，人们面临着各种各样的压力，有效的压力应对建议对于保持身心健康和提高生活质量至关重要。

场景　　陈晨是一家销售公司的员工，她正在努力完成本季度的销售目标。随着季度末的临近，她担心自己无法达到预期的业绩，感到非常紧张和焦虑，不知道如何应对工作压力。

提示词　　请帮我提供一些应对工作压力的建议，特别是与完成业绩目标相关的压力。建议需要包括：①设定实际可达到的目标；②时间管理和任务优先级的确定；③有效的沟通技巧，以获取更多支持；④自我激励和正向思考的方法。

回答　　面对工作中的压力，尤其是与完成业绩目标相关的压力时，采取有效的策略至关重要。以下是针对你提到的4个方面的建议。

1.设定实际可达到的目标

● 分解目标：将大目标拆解为一系列小目标或里程碑，这样可以逐步实现，同时也能让你感受到成就感。

● 设定SMART目标：确保你的目标是具体（Specific）、可测量（Measurable）、可达成（Achievable）、相关（Relevant）、有时限（Time-bound）的。

● 定期评估：定期检查自己的进度，并根据实际情况调整目标，保持灵活性。

……

● 保持健康的生活方式：适量的运动、充足的睡眠和健康的饮食习惯对于保持良好的精神状态至关重要。

● 培养兴趣爱好：工作之余，投身于个人感兴趣的活动中，可以帮助缓解压力，增加生活的乐趣。

通过实施上述建议，你可以更有效地应对与业绩目标相关的压力，同时促进个人成长和发展。希望这些建议对你有所帮助！

对于职场人士来说，有效的压力应对建议能帮助他们保持工作动力和心理健康。另外，也可以与通义App以实时语音通话的形式进行实时沟通、聊天，来缓解自己的压力。

提示词进阶

在构建提示词时，应明确压力的具体来源和自己所处的环境，例如：

你是一位心理健康领域的专家，请为我提供在销售业绩考核环境下，因业绩目标过高导致的压力的应对建议。建议需要包括压力产生的原因分析、应对方法以及预防措施。请确保建议具有实用性和可操作性，帮助我应对压力，提高销售业绩和心理健康水平。

第4章　生活助手：通义日常小秘书

在这个数字化加速发展的时代，AI技术正以前所未有的速度改变着我们的生活方式。从日常琐事到重要决策，AI的应用无处不在，极大地提高了人们的生活质量和效率。作为一款应用了自然语言处理技术的AI模型，通义不仅能够理解人类的语言，还能在多个生活场景中发挥重要作用，成为我们在生活中不可或缺的智能助手。

4.1 旅行计划

旅行是放松心情、拓宽视野的好方式。本节将探讨如何利用通义来提升旅行体验。

4.1.1 实战：根据目的地和时间生成旅行路线

精心规划的旅行路线能够提升旅行体验，确保旅行者在有限的时间内浏览更多的景点。通义能够根据旅行者的目的地和时间生成个性化的旅行路线。

场景

小李计划在下个月的假期前往杭州旅行，他有4天的时间可以游览这座城市。为了确保能够充分体验杭州的魅力，他希望得到一条详细的旅行路线，包括必去的景点、合适的交通方式以及每天的时间安排。

提示词

请帮我生成一条杭州4日游的旅行路线。路线需要包括：①每天的具体景点安排，考虑景点的开放时间和距离；②推荐的交通方式，如地铁、公交车或步行；③每个景点的游览时间建议；④特色餐饮推荐，考虑午餐和晚餐的时间安排。请确保路线合理、充实，并且考虑到旅行的舒适度。

回答

杭州4日游旅行路线

第一天：西湖文化体验

①上午：抵达杭州后，先前往酒店办理入住手续，稍作休息。

②中午：在酒店附近享用午餐，品尝当地特色的杭帮菜。

③下午。

● 断桥残雪（游览时间约1小时）：从酒店出发，可以选择步行或乘坐公交车前往西湖景区，首先参观断桥，了解"断桥残雪"的美丽传说。

● 白堤（游览时间约1.5小时）：沿着白堤散步，欣赏西湖两岸的自然风光。

……

餐饮推荐

● 尝试杭州本地的特色菜肴，如东坡肉、西湖醋鱼、龙井虾仁等。

● 不要错过街头的小吃，比如油炸臭豆腐、知味观的小笼包等，这些都是不可多得的美味。

希望这个行程能让你的杭州之行既充实又愉快！

根据目的地和时间安排生成旅行路线时，应注重路线的合理性和景点的多样性，在生成旅行路线后，用户可以根据个人兴趣和实际情况进行调整。

提示词进阶

在构建提示词时，可以进一步细化对旅行路线的要求，例如考虑特定的旅行风格或活动偏好，以帮助通义生成更个性化的路线。例如：

请帮我生成一条杭州4日游的旅行路线，侧重于自然风光和文化古迹。路线需要包括：①游览杭州的自然景点，如西湖等；②参观历史古迹，如灵隐寺等；③每天的行程中安排至少一个小时的休息时间；④推荐特色茶馆和当地小吃店，让我能品尝到地道的杭州美食。请确保路线合理、活动丰富，让我能够欣赏杭州的自然风光、深入了解杭州的文化底蕴。

4.1.2 实战：提供当地特色美食和景点推荐

旅行不仅是对景点的游览，更是对当地美食的探索。通义能够根据用户提供的地点，推荐当地的特色美食和景点，帮助用户享受旅行的乐趣。

场景

小张在云南旅行时，想知道当地有哪些特色美食和景点值得一去。

提示词

请为我推荐云南特色美食和景点。要求包括：①推荐的美食和景点应具有代表性，能够体现云南的特色；②美食推荐应包括名称、特色和大致价格；③景点推荐应包括名称、特色和建议游览时间；④推荐内容简洁明了、易于理解，同时保持客观公正。

回答

云南特色美食和景点推荐

1. 过桥米线
● 特色：云南的传统名菜之一，以其独特的上桌方式和鲜美的汤底著称。传说过桥米线起源于清朝，一位书生为了专心备考，其妻每日过桥送饭，因汤保温效果好，书生食用时米线依然热气腾腾。
● 价格：30~60元。
……

4. 香格里拉
● 特色：位于云南省西北部，藏语意为"心中的日月"，是探索藏族文化和欣赏自然风光的理想之地。

● 建议游览时间：两天至三天。

以上推荐旨在帮助你更好地了解云南的文化和自然景观，同时也提供了具有代表性的美食介绍，希望你能在云南度过一段难忘的旅行时光。

通过通义生成推荐内容后，用户可以根据实际情况进行选择，确保旅行的个性化。

提示词进阶

在构建提示词时，可以进一步明确对特色美食和景点的偏好，例如偏好热闹的景点或偏好麻辣的美食，以帮助通义生成更符合个人偏好的推荐内容。例如：

请帮我推荐成都的特色美食和景点，侧重于推荐热闹的夜市和小吃街。推荐需要包括：①成都的知名夜市，如锦里夜市、建设路夜市等，提供地址和开放时间；②具有特色的小吃街，如宽窄巷子小吃街、春熙路小吃街等，推荐必尝的小吃和推荐店铺。请确保推荐的内容能够让我充分体验成都的热闹氛围和地道美食。

4.1.3　实战：生成旅行预算和费用分析

合理的旅行预算是确保旅行顺利进行的关键因素，详细的费用分析能够帮助用户更好地控制开支和优化行程。通义可以帮助用户生成旅行预算和费用分析。

场景

小王计划前往北京旅行，他预计旅行时间为5天，预算为4000元。他希望得到一份详细的旅行预算和费用分析报告。

提示词

请帮我生成一份从西安到北京进行5日游的旅行预算和费用分析报告。预算需要包括：①往返高铁票的费用；②5天的住宿费用，考虑不同的住宿场所，如酒店、青旅等；③每天的餐饮费用，包括早餐、午餐和晚餐的费用；④当地的交通费用，如地铁、公交车和共享单车的费用；⑤景点门票和娱乐活动的费用。请确保预算合理、详细，并且能够控制在4000元以内。

回答

从西安到北京进行5日游的旅行预算和费用分析

1. 往返高铁票费用

根据参考信息，西安到北京的高铁票价格因车次和购票时间的不同而有所差异，二等座票价大约在484.5元至577.5元之间。为了保证预算的合理性，我们取530元作为单程票价。

- 单程：530元。
- 往返：530元 × 2=1060元。
  ......

结论

无论是选择经济型酒店还是青旅，总预算都可以控制在4000元以内。选择青旅将更为经济，总预算仅为2810元。在旅行过程中，可以根据实际情况灵活调整餐饮和交通费用，以确保旅行的满意度。

通过上述提示词，用户将获得通义生成的详细的旅行预算和费用分析报告。生成的内容可以根据实际需求进行进一步的调整和优化，以获得更好的旅行计划。

提示词进阶

在构建提示词时，应更加注重数据的准确性和分析的深入性，同时结合国内旅行的特点，为通义提供更具体的指导。例如：

请帮我生成一份详细的旅行预算和费用分析报告，用于规划张家界的7天旅行。报告需要包括以下内容：①交通费用，从苏州至张家界的火车票或机票价格对比、预订渠道推荐，以及张家界市区至各景点的交通费用估算；②住宿费用，列出张家界市区及景区附近不同酒店和民宿的价格范围及位置，推荐性价比高的住宿方案；③餐饮费用，根据当地的餐饮消费水平，估算每日的餐饮费用，并推荐当地特色菜肴；④景点门票费用，列出计划参观的张家界国家森林公园、天门山等景点的门票价格，以及是否有学生票、家庭票等优惠政策；⑤其他费用，如购物、娱乐、通信、保险等可能产生的额外费用，并提供节省开支的建议，如购买联票、提前预订等。请确保数据准确，分析深入，并给出符合国内旅行特点的个性化建议和预算调整方案。

4.2 美食探索

美食不仅能带来味蕾的享受，更是生活的艺术。本节将展示通义如何根据季节变化推荐菜谱、根据个人情况和健康需求推荐营养餐食计划。

4.2.1 实战：根据季节变化推荐菜谱

根据季节变化调整饮食是一种传统的养生方式，在不同的季节食用适宜的食物可以帮助身体适应气候变化，维持健康。

场景　秋天到了，赵丽希望为家人准备一些适合秋季的菜肴。她希望获得一些菜谱，这些菜谱能够利用秋季的时令食材，根据菜谱制作的菜肴能帮助家人抵御秋季的干燥，增强免疫力。

提示词　请为我推荐一些适合秋季的家庭菜谱。要求包括：①秋季时令蔬菜和水果；②能够滋阴润燥、增强免疫力的食材；③适合秋季的烹饪方法和菜品搭配。

回答

秋季家庭菜谱推荐

秋季天气转凉，空气干燥，人们容易出现口干舌燥、皮肤干燥等症状，因此在饮食上应注重滋阴润燥、增强免疫力。以下是几份适合秋季的家庭菜谱，根据它们制作的菜肴不仅美味可口，还能帮助家人保持健康。

1. 百合莲子炖雪梨

- 材料：新鲜雪梨1个，干百合20克，干莲子20克，冰糖适量。
- 做法如下。
（1）雪梨洗净去核切块，百合、莲子提前用水泡发。
（2）所有材料放入炖盅，加入适量清水。
（3）大火煮开后转小火慢炖1小时，最后加入冰糖调味即可。
……

根据这些菜谱制作的菜肴不仅符合秋季养生的需求，同时也兼顾了营养均衡和口味的多样性，适合全家人享用。希望这些建议对你有所帮助！

通过通义的推荐，赵丽可以及时调整饮食，满足家人在不同季节的口味偏好和营养需求。

提示词进阶

在构建提示词时，可以明确特定人群的需求及口味偏好。例如：
请根据春季的季节特点，为我生成一份家庭菜谱，需考虑家庭成员（有小孩和老人）偏爱清淡口味，确保根据菜谱制作的菜肴既营养健康又易于消化吸收。

4.2.2　实战：根据个人情况和健康需求推荐营养餐食计划

随着人们对健康的日益重视，个性化的营养餐食受到人们的青睐。通义能够根据用户的个人情况（如体重、身高、年龄、性别、运动量）以及特定的健康需求（如减肥、增肌等），为用户推荐量身定制的营养餐食计划。

场景

  小王是一名健身爱好者，他希望通过合理的饮食搭配来辅助他的健身计划。他希望通义能够根据他的身高、体重、年龄、性别以及每周的健身强度，为他推荐一份能够增肌的营养餐食计划。

提示词

  请帮我根据我的个人情况推荐一份营养餐食计划，用于辅助我的健身计划。我需要增肌，因此请确保推荐的菜品能够满足我的高蛋白需求。我身高180cm，体重75kg，年龄28岁，男性，每周健身5次，每次健身1小时。计划需要包括以下内容：①每日蛋白质、碳水化合物和脂肪的摄入量；②每餐的菜品推荐，确保高蛋白且营养均衡；③食材清单和烹饪方法，以便我能自行准备餐食。

回答

增肌营养餐食计划

  根据你的个人情况（身高180cm，体重75kg，28岁男性，每周健身5次，每次1小时），以下是一份为期一周的增肌营养餐食计划。该计划中的餐食旨在提供足够的蛋白质支持肌肉增长，同时保证碳水化合物和脂肪的合理摄入，以维持日常活动和训练的能量需求。

营养目标

……

注意事项

- 根据个人口味和偏好适当调整食材种类和比例。
- 保持充足的水分摄入，每天至少喝8杯水。
- 定期监测体重和体脂变化，根据实际情况调整饮食计划。
- 训练前后注意补充蛋白质，促进肌肉恢复和增长。

希望这份营养餐食计划能帮助你实现增肌的目标，祝你训练顺利！

  通过使用上述提示词，用户可以轻松获得符合个人情况和健康需求的营养餐食计划，从而更好地管理自己的饮食和健康状况。

提示词进阶

  在构建提示词时，应细化营养餐食的食材，并确保其满足特定的健康需求，例如：

  请为我推荐一些营养丰富、能够帮助缓解压力的餐食。餐食需要包括：①富含蛋白质的食物，如瘦肉、鸡蛋和豆制品；②富含复合碳水化合物的食物，如全谷物；③含有B族维生素的食物（如坚果）以及富含维生素C的食物（如新鲜水果）；④有助于放松心情的草药和香料，如洋甘菊茶和姜。请确保推荐餐食的营养均衡和健康功效，以便我能够通过饮食改善健康状况。

4.3 运动健康

本节主要介绍通义在运动健康领域的实战应用，通过个性化的运动计划、办公室健身方案、运动后的放松技巧、常见健康误区解读与医院检验单解读等，全方位助力用户实现更健康的生活方式。

4.3.1 实战：生成个性化的运动计划

个性化的运动计划需要考虑个人的身体状况和健康目标，以确保运动的安全性和有效性。通义能够根据用户的具体情况生成个性化的运动计划。

场景

> 王强是一位办公室职员，他的目标是提高体能和减轻体重。他有一定的运动基础，但由于长时间久坐，他的下背部有时会感到疼痛。他需要一份能够适应他身体状况的运动计划，以避免加重下背部的疼痛。

提示词

> 请帮我生成一份结合有氧运动和力量训练的运动计划，目标是提高体能和减轻体重，同时考虑到我的下背部疼痛问题。计划需要包括：①每周的运动频率和时长；②适合背部疼痛人群的有氧运动种类和强度；③力量训练的训练动作，特别是那些能够加强核心肌群的训练动作；④运动前后的热身和拉伸指导，以及如何避免下背部受伤的技巧。

回答

> ### 结合有氧运动和力量训练的运动计划
>
> 为了帮助你提高体能、减轻体重，并考虑到你的下背部疼痛问题，以下是一份个性化的运动计划。此计划旨在通过有氧运动和力量训练相结合的方式，提升健康水平，同时特别关注对下背部友好的练习，以减少疼痛并增强核心稳定性。
>
> **一、每周运动安排**
> - 运动频率：每周5天，其中3天进行有氧运动，2天进行力量训练。
> - 运动时长。
> （1）有氧运动：每次30~45分钟。
> （2）力量训练：每次45~60分钟（包括热身和拉伸）。
> ……

> • 定期变换训练内容：避免重复相同的动作导致某些肌肉过度使用，定期变换训练内容，让不同的肌肉群得到锻炼。
>
> • 关注身体状况：如果感到不适，立即停止训练，必要时咨询医生或物理治疗师。
>
> 遵循上述建议，你可以有效地提高体能、减轻体重，同时保护下背部。祝你训练愉快，身体健康！

通过上述提示词，通义生成了一份个性化的运动计划。计划充分考虑了王强的个人目标和身体状况，为他量身定制了运动项目以及运动的频率、时长和强度，同时提供了科学的饮食建议和注意事项，确保他在运动过程中既能达成目标，又能保护身体。

提示词进阶

在构建提示词时，应更深入地描述个人目标和身体状况，以便通义生成更精准的运动计划。例如，可以详细描述身体状况（如BMI、基础代谢率、受伤部位等），以及具体的运动目标（如减重多少斤、增肌多少斤等）。例如：

请帮我生成一份个性化的运动计划，我的个人目标是3个月内减重10斤，同时增肌2斤。考虑到我的BMI为26，属于超重范围，基础代谢率较低，且腰部曾受过轻伤，计划需包含有氧运动（如慢跑、游泳）以减脂，力量训练（如举哑铃、做俯卧撑）以增肌，同时避免高强度的腰部运动。每周运动4次，每次60分钟，运动强度适中。请提供运动前后的热身和拉伸放松方法，以及相应的饮食建议和注意事项。注：1斤=500克。

4.3.2　实战：设计办公室健身方案

办公室工作常常为职场人士带来久坐和缺乏运动的问题。设计一套办公室健身方案可以帮助职场人士在工作中找到机会进行简单的锻炼，缓解工作压力，提高工作效率。

场景　小莉最近工作比较多，经常感到背部酸痛和眼部疲劳。为了改善这种状况，她希望找到一些可以在办公室轻松完成的健身动作，既不需要特殊器材，又不会占用太多时间。

提示词　请帮我设计一套办公室健身方案，内容包括：①适合在办公室进行的简单拉伸和放松动作；②每个动作的具体步骤和持续时间；③每日或每周的推荐练习次数；④动作的注意事项，以避免受伤；⑤额外的健康小贴士，如正确的坐姿、定时休息等。请确保方案简单易行，适合办公室环境。

回答

办公室健身方案

1.简单拉伸和放松动作

（1）肩部旋转：放松肩部，减轻颈部压力。

- 步骤：坐直或站立，双肩同时向前做圆周运动10次，然后向后做圆周运动10次。
- 持续时间：2分钟。
- 注意事项：保持呼吸均匀，避免用力过猛。

······

- 眼保健操：定期进行眼保健操，减轻眼部疲劳。
- 健康饮食：合理安排三餐，多吃蔬菜水果，少吃油腻食物，保持良好的饮食习惯。

希望这套方案能帮助你在繁忙的工作之余照顾好自己的身体。记得，健康是一切的基础！

通过上述提示词，用户可以获得一套适合办公室环境的健身方案，该方案不仅提供了具体的健身动作和步骤，还包含健康小贴士，帮助职场人士在繁忙的工作之余照顾好自己的身体。

提示词进阶

在构建提示词时，应细化健身方案的各个环节，并确保其适合办公室环境，例如：

请帮我设计一套适合在办公室进行的健身方案，以缓解久坐带来的身体不适。方案需要包括：①适合办公室环境的简单运动；②利用办公椅进行的腿部拉伸和背部伸展动作；③办公桌俯卧撑和椅子深蹲等力量训练动作；④每次锻炼时间在10~15分钟内，能高效锻炼全身各部位。请确保健身方案的实用性和可行性，以便我能够在忙碌的工作之余找到机会进行锻炼。

4.3.3 实战：提供运动后的放松技巧

运动后的放松对于减轻肌肉酸痛、促进身体恢复至关重要。掌握正确的放松技巧可以帮助你更好地享受运动带来的益处。

场景

李华是一位跑步爱好者，每次长跑后他都感到肌肉紧张和疲劳。他需要学习一些运动后的放松技巧，以帮助肌肉恢复和减轻疲劳。

提示词

请为我提供一些运动后的放松技巧，特别是针对跑步后的腿部肌肉的放松技巧。内容需要包括：①有效的拉伸动作；②深度按摩的方法；③冷热交替浴的指导；④有助于肌肉恢复的饮食建议。

回答

> 跑步是一项极好的有氧运动，但它也会给腿部肌肉带来压力，尤其是在长时间或高强度跑步后。下列技巧可以帮助你在跑步后更好地放松腿部肌肉。
>
> 1. 有效的拉伸动作
>
> ● 站立，单手扶墙/椅保持平衡，右脚大步前迈成低弓步（前膝90°不超脚尖，后腿伸直脚触地）。收腹卷尾骨，躯干垂直，双手放膝或上举。保持15~30秒，自然呼吸，感受后腿髋前侧拉伸。缓慢收回右腿，换左腿重复。
>
> ● 坐姿前屈：坐在地上，双腿伸直，尝试用手触碰脚趾，保持背部挺直。如果手不能触及脚趾，可以尝试抓住小腿或膝盖。保持15~30秒。
>
> ● 蝴蝶式拉伸：坐在地上，将脚底相对，尽量让脚跟靠近身体。轻轻向下压膝盖，感受大腿内侧肌肉的拉伸。保持15~30秒。
>
> ……
>
> 通过上述方法，你可以有效地让自己的腿部肌肉在跑步后得到良好的恢复。记得在进行任何新的运动或应用饮食计划之前，咨询专业人士的意见。希望这些建议能对你有所帮助！

通过上述提示词，通义提供了一系列科学有效的运动后的放松技巧，并详细描述了每种技巧的操作步骤。

提示词进阶

在构建提示词时，应更具体地描述运动类型和强度，以便通义生成更具针对性的放松技巧。例如，可以描述用户是进行了有氧运动、力量训练还是高强度间歇训练，以及每次运动的时长和强度等信息。例如：

请为我提供针对跑步后的放松技巧，我每次跑步时长为1小时，强度为中高强度。请提供包括拉伸、按摩、冷热敷等在内的放松技巧，并详细描述每种技巧的操作步骤、注意事项和适用场景，以便我在跑步后能够正确地进行放松，缓解肌肉酸痛。

4.3.4　实战：解读常见健康误区

在日常生活中，存在着许多关于健康的误区，这些误区往往导致人们采取错误的行为，损害自身健康。通义可以为用户解读常见健康误区，帮助用户树立正确的健康观念，提升生活质量。

场景

> 张薇经常听到各种关于健康和减肥的建议，但她不确定哪些是正确的。她需要一些科学的指导来解读这些建议。

提示词

请帮我解读一些常见的健康和减肥误区。内容包括：①节食和极端饮食的长期影响；②局部减脂的可行性；③运动和饮食在减肥中的作用；④营养补充剂和药物在提升健康方面的真实效果。

回答

了解健康和减肥的正确信息对于维持良好的生活方式至关重要。以下是一些常见的健康和减肥误区及其解读。

①节食和极端饮食的长期影响。

● 误区：许多人认为通过节食或采取某些极端饮食方式（如完全不吃碳水化合物、长时间禁食等）可以快速减肥。

● 解读：虽然短期内可能会有体重下降的效果，但这种做法往往不可持续，并可能导致营养不良、新陈代谢减慢、肌肉流失等问题。长期来看，极端饮食还可能引发进食障碍，增加患心脏病、骨质疏松等疾病的风险。

……

总之，健康的减肥应该基于科学的原则，通过调整饮食习惯、增加运动量等方式逐步实现。持之以恒的努力加上健康的生活方式，才是最安全、最有效的减肥途径。

解读常见健康误区是帮助用户树立正确健康观念的重要步骤。通过通义的帮助，用户可以获得科学的信息，避免被错误的健康建议误导。

提示词进阶

在构建提示词时，应注重信息的科学性和准确性，例如：

请帮我解读一些常见的健康和减肥误区。内容包括：①节食和极端饮食的长期影响，包括对新陈代谢和肌肉量的影响；②局部减脂的可行性，以及为什么全身减脂更为重要；③运动和饮食在减肥中的作用，以及如何平衡两者；④营养补充剂和药物在提升健康方面的真实效果，以及它们与健康饮食和规律运动相比的效果好坏。请确保信息的科学性和准确性，以便我能够树立正确的健康观念，并采取有效的健康行动。

4.3.5 实战：解读医院检验单

通义可以帮助用户解读医院检验单上的各项指标，提供详细的解释和建议，确保用户能够全面了解自己的健康状况。

场景

小李拿到了自己的血常规检验单，但对其中的一些指标不太理解。他不知道这些指标代表什么意思，也不清楚自己的健康状况是否良好。

提示词

请解读图片中这份检验单，解释各项指标的含义，并分析我的健康状况。请确保解释清晰、准确，提供专业的健康指导。

（将检验单图片拖曳至通义的输入框中，待其上传成功，输入上方提示词并发送）

回答

这是一份血常规检验单，涵盖了白细胞计数、红细胞计数、血红蛋白等关键指标。

1.白细胞计数（WBC）：11.11×10^9/L，正常范围为（$4.0 \sim 10.0$）$\times 10^9$/L。你的白细胞计数偏高，这可能表明有感染或炎症的存在。

......

健康指导

根据血常规结果，你可能存在轻度贫血和细菌感染。建议你咨询医生进行进一步的诊断和治疗。医生可能会建议补充铁剂或其他营养素来改善贫血状况，并根据具体情况决定是否需要抗生素治疗。同时，保持均衡饮食和良好的生活习惯对健康非常重要。

通过上述提示词，通义解读了检验单，并提供了健康建议。请注意，通义仅是一个AI模型，提供的建议仅作为参考，要了解具体情况用户需咨询医生。

提示词进阶

在构建提示词时，应注意详细描述想要了解的指标和数据，同时可以提供一些个人的生活习惯和健康目标。例如：

请帮我解读我的血脂检验单。解读需要包括：①指标解释，解释血脂检查中的总胆固醇、甘油三酯等指标的含义；②这些指标的正常数值范围；③结果分析，根据我的血脂检验单进行分析；④饮食和运动建议，给出保持血脂正常的饮食和运动建议。

4.4 时尚购物

本节将介绍通义如何根据风格偏好推荐时尚搭配、根据发型提供配饰建议、比较不同品牌商品的性价比、快速生成美食评价等，使时尚购物变得更加智慧化、个性化。

4.4.1 实战：根据风格偏好推荐时尚搭配

每个人都有自己独特的风格偏好，无论是简约风、复古风还是街头风，找到适合自己的时尚搭配，不仅能提升个人魅力，还能增强自信。

场景

    陈晨是一位年轻的职场女性，她喜欢简约优雅的风格。她希望得到一些建议，以便在即将到来的秋冬季节中，打造既保暖又时尚的穿搭。

提示词

    我喜欢简约优雅的风格，请为我推荐一些适合秋冬季节的时尚搭配。内容包括：①必备单品的推荐；②颜色搭配的建议；③适合办公室和休闲场合的穿搭方案；④配饰的选择和搭配技巧。

回答

    简约优雅的风格不仅能够展现个人品味，还能适应多种场合的需求。以下是根据你的要求生成的一些建议。

    ①必备单品的推荐。

    ● 高领毛衣：无论采用纯色还是简单的条纹设计，高领毛衣都是秋冬季节的必备单品，既保暖又不失时尚感。

    ● 大衣：一件剪裁合体、颜色经典（如黑色、深蓝色或灰色）的长款或中长款大衣，可以轻松搭配各种内搭。

    ● 牛仔裤：一条版型良好的直筒或喇叭牛仔裤，既休闲又百搭，适合多种场合。

    ……

    ● 围巾和帽子：除了保暖功能外，它们还可以作为点缀，请选择质地柔软、颜色与服装相协调的款式。

    ● 手表：一块简约风格的手表不仅能体现个人品味，也是日常穿搭中的实用配件。

    以上就是一些简约优雅风格的秋冬季节时尚搭配建议。希望这些建议能帮助你展现出最佳的自己。

    通过上述提示词，用户可以获得一些符合个人风格偏好的时尚搭配建议，轻松打造个性化的时尚造型。

提示词进阶

    在构建提示词时，应考虑增加建议的个性化和多样性，例如：

    请根据我的风格偏好推荐几套时尚搭配，内容包括：①个人基本信息，如年龄20岁，女性，身高165cm，标准体型；②风格偏好，简约风；③季节，春季；④搭配的场合，日常出行和约会；⑤推荐的具体服饰，如白色T恤、牛仔裤、帆布鞋、小背包等；⑥搭配的小贴士，如如何利用色彩对比增强视觉效果、如何通过配饰点缀提升整体造型等。请确保推荐的搭配既有个性又不失实用性，能够适应不同的社交场合。

4.4.2 实战：根据发型提供配饰建议

发型是影响个人形象的重要因素之一，而合适的配饰能够进一步突出发型的特点，增添个人魅力。

场景

张薇最近剪了短发，她希望找到一些能够凸显她新发型的配饰。她喜欢复古而具有女性魅力的风格，希望得到一些建议来提升她的整体造型。

提示词

请根据我新剪的短发，为我推荐一些复古而具有女性魅力的配饰。内容包括：①耳环的选择；②项链和胸针的搭配；③发饰的推荐；④如何通过配饰来突出发型的特点。

回答

短发发型本身就带有一种干练与时尚的气息，而选择合适的复古风格配饰可以进一步增强女性魅力，同时突出你的个性。以下是根据你的需求生成的配饰推荐：

1. 耳环的选择

● 珍珠耳环：珍珠耳环是复古风格的经典选择之一，圆形或泪滴形的小珍珠耳环能够为你的造型增添一份优雅。

● 流苏耳环：选择长度适中的流苏耳环，随着头部的轻微摆动，流苏轻轻摇曳，既复古又充满动感。

● 几何形状耳环：几何形状（如圆形、方形或不规则形状）的耳环既现代又带有复古韵味。

……

综上所述，通过精心挑选与搭配这些复古而具有女性魅力的配饰，不仅可以突出你的短发，也能展现出你独特的个人风格。希望这些建议能给你带来灵感！

通过上述提示词，用户可以获得一些与个人发型相匹配的配饰推荐，这些建议不仅考虑到了发型的特点，还提供了具体的款式和颜色建议以及搭配的小贴士，帮助用户在细节上打造完美形象。

提示词进阶

在构建提示词时，可以添加一些个人基本信息，并考虑增加推荐的创意性和实用性，例如：

请根据我的发型推荐一些合适的配饰，内容包括：①个人基本信息，如年龄25岁，女性，圆脸；②发型，短发；③推荐的配饰类型，如耳环、项链、发夹等；④每种配饰的具体款式和颜色建议，如细长的耳环、简洁的项链、小巧的发夹等；⑤搭配的小贴士，如何选择与服装相匹配的配饰、如何通过配饰突出面部特点、如何利用配饰平衡脸型等。请确保推荐的配饰既有创意又不失实用性，能够帮助我更好地展现个人风格。

4.4.3　实战：比较不同品牌商品的性价比

在消费决策过程中，比较不同品牌商品的性价比是消费者常采用的做法。通过通义的智能辅助功能，消费者可以快速比较不同品牌商品的性价比，做出购买决策。

场景

　　小李计划购买一款新手机，目前对华为 Pura 70 和 vivo X200 Pro 两款手机比较感兴趣。他希望通过对比两款手机的性能、价格等，选择一款适合自己的手机。

提示词

　　请帮我对比华为 Pura 70 和 vivo X200 Pro 两款手机。对比内容包括：①基本配置，如处理器、内存与存储等；②价格，包括官方售价和当前市场优惠情况；③拍照功能，包括摄像头像素、拍照效果等；④电池续航和充电速度；⑤用户评价，包括好评率和用户反馈。请确保信息准确、全面，并给出性价比高的推荐。

回答

华为 Pura 70 与 vivo X200 Pro 对比分析

　　1. 基本配置

　　（1）处理器。

● 华为 Pura 70：搭载华为自研的麒麟处理器，支持5G网络。

● vivo X200 Pro：采用天玑9400，这是安卓首款采用3nm制程工艺的旗舰芯片，CPU主频高达3.626GHz。

　　（2）内存与存储。

● 华为 Pura 70：提供12GB+256GB、12GB+512GB、12GB+1TB 3种存储选项。

● vivo X200 Pro：提供12GB+256GB、16GB+512GB、16GB+1TB 3种存储选项，其中，vivo X200 Pro 卫星通信版为16GB+1TB机身存储，且支持北斗卫星通信。

　　……

　　综合考虑以上各方面因素，vivo X200 Pro 在处理器、拍照功能、电池续航和充电速度方面均有一定的优势，且售价相对较低，性价比较高。如果你对拍照效果和充电速度有较高要求，且预算在6000元左右，vivo X200 Pro 是更好的选择。

　　然而，如果你更偏好华为的品牌和服务，且对鸿蒙系统的使用体验有较高的期待，华为 Pura 70 也是一个不错的选择，尤其是在系统稳定性方面表现优秀。

通过上述提示词，我们获得了华为 Pura 70 和 vivo X200 Pro 两款手机的详细对比信息。这些信息涵盖了手机的性能、价格等多个方面，为我们提供了全面的购买参考。

提示词进阶

在构建提示词时，可以进一步细化对比内容，增加对比的维度和深度，以获得更全面的分析结果。例如，可以对比两款手机的屏幕质量、音质、外观设计等细节，以及它们在不同使用场景下的表现。例如：

请帮我深入对比华为 Pura 70 和 vivo X200 Pro 两款手机。除了基本配置、价格、拍照功能、电池续航和用户评价外，还需对比它们的屏幕质量（包括分辨率、刷新率、色彩表现等）、音质（包括扬声器音质、耳机输出效果等）、外观设计（包括材质、工艺、手感等）以及在玩游戏、看视频、拍照等使用场景下的具体表现。请确保信息准确、全面，并给出详细的性价比分析和推荐。

4.4.4 实战：快速生成美食评价

在美食分享和点评领域，快速生成准确、详细的美食评价对于提升用户体验和增加平台活跃度具有重要意义。

场景

小张在一家新开的餐厅用餐完毕，他想在社交媒体上分享这次用餐经历，但由于工作繁忙，他没有太多时间来撰写详细的评价。

提示词

请帮我快速生成一条针对川菜馆的美食评价，内容包括：①餐厅整体的氛围；②服务的质量；③菜品的口味。请确保评价内容客观，同时能为其他消费者提供有用的参考，评价字数在200字以内。

回答

这家川菜馆整体氛围温馨而具有四川特色，装修简洁大方，墙上挂着几幅川味十足的艺术画作，让人未食其味先感其韵。服务方面，店员态度亲切，上菜速度适中，对于菜品的介绍非常详尽，给人留下了深刻的印象。至于菜品，辣而不燥，麻而不苦，完美地展现了川菜的特点。推荐菜为宫保鸡丁和水煮牛肉，味道正宗，分量十足，能够满足不同顾客的需求。无论是与家人朋友聚餐还是商务宴请，这家川菜馆都是不错的选择。不过，由于口味较重，不太能吃辣的朋友可能需要提前告知服务员调整辣度。总体而言，这是一次愉快的就餐体验，这家川菜馆值得再次前往。

通过上述提示词，通义快速生成了一条美食评价。在实际操作中，用户可以在提示词中添加一些具体的就餐信息和个人评价，以便通义准确生成。

提示词进阶

　　在构建快速生成美食评价的提示词时，应考虑增加具体的餐馆信息、推荐菜品信息、餐馆环境情况以及个人的看法。例如：

　　请撰写一条美食评价，内容是关于一家位于市中心繁华地段的餐馆——雅致江南。推荐菜品为松鼠鳜鱼，外皮酥脆、内里鲜嫩，搭配特制甜酸酱，具有独特风味。餐馆以古典园林风格装修，氛围宁静幽雅，店员服务周到热情，整体让人非常满意。请确保评价中详细描述菜品的口味和外观、店员服务等方面，并突出其独特之处和我的感受。

4.5　财务管理

　　良好的财务管理对于个人和家庭的长远发展至关重要。本节将展示通义如何分析个人消费习惯、制定储蓄策略、根据风险偏好提供投资建议。

4.5.1　实战：分析个人消费习惯

　　分析个人消费习惯对于合理规划财务和实现理财目标至关重要。通过分析个人消费习惯，可以发现消费中潜在的改进空间，从而更好地管理个人财务。

场景

　　周梅发现自己每个月的支出都超出了预算。她希望通过分析自己的消费习惯来找出超支的原因，并制订一个合理的预算计划。

提示词

　　我的月收入为6000元。请根据我过去3个月的所有消费记录，分析我的个人消费习惯，并找出超支的主要原因。分析需要包括：①各个消费类别的支出比例；②非必需消费的频率和金额；③根据我的收入水平和生活成本给出预算建议。

　　（消费记录信息可以通过Excel表格、Word文档或者文字形式提供给通义）

回答

　　根据你提供的个人月收入和个人消费记录，以下是对你个人消费习惯的详细分析。

　　①各个消费类别的支出比例。

　　首先，我们汇总了你在过去3个月（2024年8月至2024年10月）的消费数据，并计算了各个类别的支出比例。

餐饮。
- 早餐、午餐、晚餐、外卖、零食等。
- 总计：4500元。
- 占比：28.1%。
……

综合建议。

（1）制定预算：根据上述建议，制定详细的月度预算，并尽量遵守。

（2）记录消费：继续记录每月的消费情况，定期回顾并调整预算。

（3）理性消费：减少不必要的购物和娱乐活动，选择性价比更高的产品和服务。

（4）储蓄规划：每月留出一部分收入用于储蓄或投资，以应对未来的不时之需。

通过以上措施，你可以更好地管理个人财务，实现更加健康、平衡的生活方式。

通过上述提示词，用户可以获得对自己消费习惯的深入分析。这有助于用户清晰地认识自己的消费行为，采取有效措施优化个人财务状况。

提示词进阶

在构建提示词时，应考虑加入更多的分析维度和个人偏好，例如：

请帮我分析我的个人消费习惯，内容包括：①消费分类，如餐饮、交通、娱乐、购物等；②每月消费总额及各个分类的支出比例，特别是那些支出额超过平均值的分类；③消费高峰时段，如周末外出就餐较多、每月初购物较多等；④消费模式，是否存在特定日期或周期性的高额消费，如每月末的娱乐消费激增；⑤节省开支建议，针对我的消费习惯提出具体的节省开支方法，如减少外出就餐次数、取消不必要的订阅服务等。请确保分析结果准确、全面，并能帮助我有效改善个人财务管理。

4.5.2 实战：制定储蓄策略

储蓄是实现财务安全和个人财富积累的关键。合理的储蓄策略不仅可以帮助个人应对未来的不确定性，还能促进个人资产的增长。

场景

张女士是一位年轻的职业女性，她希望在未来几年内能够攒下一笔可观的存款，用于购房首付或投资。但是，由于缺乏专业的理财知识，她不确定应该如何有效地进行储蓄。她希望通过通义的帮助，为自己制定一套切实可行的储蓄策略。

提示词

请根据当前财务状况（如月收入、固定支出等）制定一套储蓄策略，内容包含：①储蓄目标，未来5年内攒够30万元；②储蓄计划，基于月收入8000元和固定支出1500元计算每月可储蓄金额；③投资建议，提供几种适合个人情况的投资方式，如股票、基金、定期存款等；④风险提示，提醒可能遇到的风险及应对措施；⑤进度跟踪，提供一种简单的方法来监测储蓄进展。请确保策略具体、可行，并能帮助我实现储蓄目标。

回答

根据你提供的信息，以下是一套具体的储蓄策略，旨在帮助你在未来5年内达成攒够30万元的目标。

1. 当前财务状况

- 月收入：8000元。
- 固定支出：1500元（包括房租、水电气费、交通费用等）。
- 可支配收入：6500元（月收入－固定支出）。

2. 储蓄目标

- 在未来5年内（即60个月内），你的目标是积累30万元。
- 每月平均需要储蓄5000元才能达到这一目标。

……

通过上述策略的实施，结合良好的财务管理习惯，相信你能够顺利地朝着30万元的储蓄目标迈进。希望这份计划对你有所帮助，祝你理财顺利！

通过使用上述提示词，用户可以获得实现储蓄目标的具体储蓄策略。

提示词进阶

在构建提示词时，应考虑增加更多个性化因素和长期视角，例如：

请根据我的当前财务状况（月收入8000元，固定支出包括房租1500元、日常开销1500元）帮我制定一套储蓄策略，内容包括：①储蓄目标，如在未来5年内攒够30万元用于购房首付；②储蓄计划，基于我的收入和支出计算每月可储蓄金额，并考虑紧急基金的建立；③投资建议，提供适合我风险承受能力的投资组合，如稳健型基金、定期存款等；④风险提示，提醒可能遇到的市场波动风险及应对措施，如分散投资、长期持有等；⑤进度跟踪，提供一个简单易用的工具或方法来监测储蓄进展，如使用专门的应用程序记录每月收支。请确保策略具体、可行，并能帮助我实现储蓄目标。

4.5.3　实战：根据风险偏好提供投资建议

投资是实现财富增长的重要手段，但不同的投资者有不同的风险偏好。通义能够根据用户的财务状况和风险承受能力，提供个性化的投资建议。

场景

　　陈晨是一位风险承受能力适中的投资者，投资风险偏好为稳健型。他希望在控制风险的前提下，找到一种既稳健又能带来合理收益的投资方案。

提示词

　　请根据稳健型的投资风险偏好和适中的风险承受能力，为我生成一些个性化的投资建议。要求包括：①推荐相应的投资产品和投资组合；②详细解释推荐产品的特点、预期收益、潜在风险及风险控制措施；③提供投资策略的调整建议，以应对市场变化，确保投资的稳健性；④使用易于理解的语言，确保建议的专业性和可读性。

回答

　　针对稳健型投资风险偏好且具有适中风险承受能力的情况，以下是为你量身定制的投资建议。

　　1.推荐相应的投资产品和投资组合

　　● 货币市场基金。

　　这类基金主要投资于短期债券和其他低风险证券，如商业票据和政府债券。其特点是流动性好，风险低，适合作为现金管理工具。预期年化收益率一般在2%~4%，但收益水平受市场利率影响波动。

　　● 债券基金。

　　……

　　以上建议旨在帮助你构建一个既稳健又具有成长潜力的投资组合。请注意，任何投资都有风险，过往业绩并不代表未来表现。建议在实际操作前，考虑个人的具体情况，并咨询专业的财务顾问。

　　通过上述提示词，通义为陈晨提供了一些适应其稳健型投资风险偏好和适中风险承受能力的投资建议。

提示词进阶

　　在构建提示词时，可以考虑增加更多个性化因素和投资选项，例如：

　　请根据我（月收入8000元）的风险偏好提供投资建议，内容包括：①风险偏好，保守型；②投资目标，长期增值；③推荐的投资方式，如指数基金、债券基金、定期存款等；④每种投资方式的具体操作建议，如定期定额投资指数基金、分散投资债券基金、选择高利率的定期存款等；⑤风险提示及应对措施，如市场波动风险、利率风险、流动性风险等，以及相应的应对措施。请确保提供的投资建议既符合我的风险偏好，又能帮助我实现长期的财富增长。

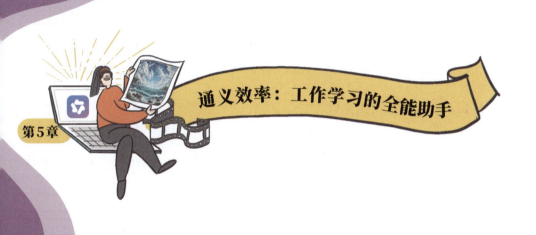

第 5 章

通义效率：工作学习的全能助手

在数字时代，高效处理信息成为提升个人竞争力的关键。通义效率集成了多种功能，旨在帮助用户在工作学习中更高效地处理各种信息。本章将详细介绍通义效率的主要功能，如实时语音转文字、智能总结音频要点、生成和导出脑图、一句话生成PPT等，充分展示通义效率工具箱如何成为用户工作学习的全能助手。

5.1 实时记录

随着数字化办公的普及，采用高效的信息记录方式变得尤为重要。通义效率工具箱中的【实时记录】功能，能够即时捕捉会议或讲座中的细节，不仅支持实时语音转文字，还能准确地区分发言人，并智能总结音频要点，使用户不再错过任何关键信息。

5.1.1 实战：实时语音转文字

在快节奏的工作环境中，迅速、准确地记录信息至关重要。通义提供的实时语音转文字功能，能够即时将口头交流转化为书面文字，极大地提升信息处理的速度和准确性，让用户的日常工作更加高效。

步骤 **01** 单击侧边栏中的【发现】按钮，进入【发现智能体】页面，单击【实时记录】下方的【开始录音】按钮，如下图所示。

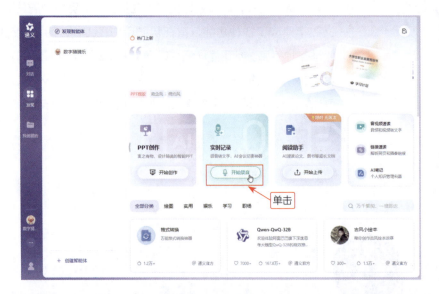

> **提示：**在实际操作中，如果不方便携带计算机参与会议，可以使用通义App的【实时记录】功能进行实时语音转写，该功能在本书的第6章会详细介绍。

步骤02 进入【通义实时记录】页面，可以设置音频语言以及是否翻译和区分发言人，单击【开始录音】按钮，如下图所示。

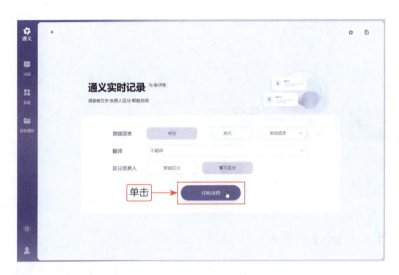

步骤03 通义即可实时记录音频，并以文本形式显示。如果识别有误或者有需要修改的地方，可以对识别的文本进行实时编辑，如下图所示。

步骤04 在记录过程中，如果需要暂停录制，可以单击【暂停录音】按钮 ❙❙。当录制完成后，单击【结束录音】按钮 ◉ 即可结束录制，如下页图所示。

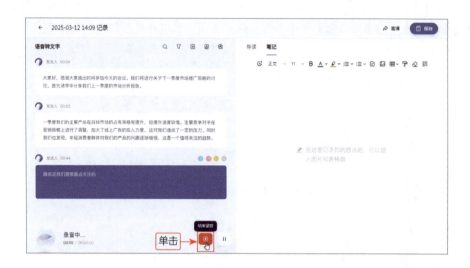

5.1.2 实战：区分发言人

在会议中，频繁的发言人切换往往导致记录的混乱。通义效率通过智能技术自动识别并标记不同发言人的讲话，可确保记录的清晰性与完整性，使得回顾会议内容变得更加轻松。

如果在实时录制时未开启【区分发言人】功能，可以在音频录制完成后，在【导读】中选择【发言总结】选项，然后选择【多人讨论】选项，再单击【立即体验】按钮，如下图所示。或者直接单击【语音转文字】区域中的【区分发言人】按钮⚲。

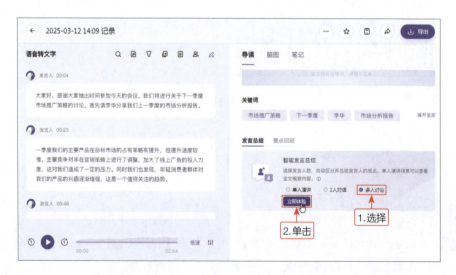

通义会自动识别并区分发言人，如下图所示。

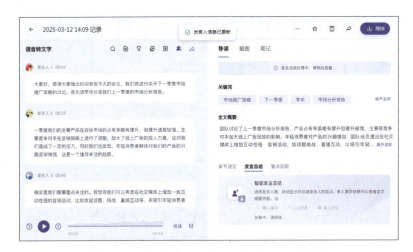

如果需要区分已有的音频文件中的发言人，则可以使用通义的【音视频速读】功能进行区分。

5.1.3　实战：智能总结音频要点

在音频录制完成后，通义会自动提炼音频的关键词、全文摘要、发言总结、问答回顾等，帮助用户快速掌握会议重点，节省大量时间。

例如，选择【要点回顾】选项，可以看到通义以问答形式总结了音频内容；当单击某个问题时，左侧的【语言转文字】区域会突出显示相应的文本内容，如下图所示。

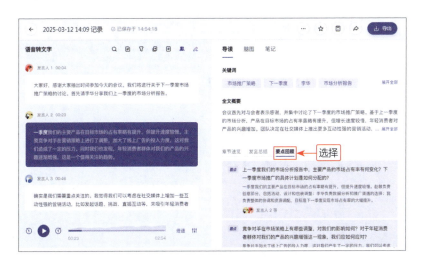

5.1.4 实战：AI改写识别文本

通义支持一键智能改写识别的文本内容，提高文字质量。

步骤01 单击【AI改写】按钮 🖊，在弹出的【AI改写】对话框中，设置【显示内容】，例如选择【改写结果】选项，然后单击【立即体验】按钮，如下图所示。

步骤02 通义会自动改写识别的文本，并显示改写后的结果，如下图所示。

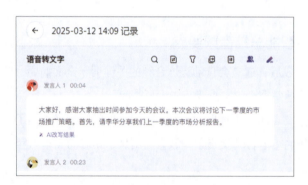

如果要取消改写，可在【AI改写】对话框中，单击【取消】按钮，如下图所示。

通义的【阅读助手】工具，提供了从全文总结与翻译到思维导图生成，再到文档解读问答的一站式服务，极大地方便了用户的阅读和学习过程，成为用户不可或缺的学习伙伴。

5.2.1　实战：文档解读问答

当遇到难以理解的专业文献时，通义效率的文档解读问答功能可以为用户提供帮助。用户只需提出疑问，通义就能基于文档内容给出精准的回答，解决用户学习过程中的难题。

步骤01 在通义的【发现智能体】页面，单击【阅读助手】下方的【开始上传】按钮，如下图所示。

步骤02 进入【通义阅读助手】页面，在其中可选择上传的文件类型，如选择【文档】选项，单击上传区域，如下图所示。

提示: 用户也可将文档拖曳至上传区域。

步骤03 弹出【打开】对话框,选择要上传的文档,然后单击【打开】按钮,如下图所示。

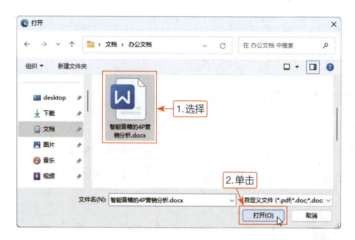

步骤04 文档会被上传并被解析,可单击【上传记录】按钮 📄,查看解析进度,如下图所示。

步骤05 解析成功后,单击该文档右侧的【立即查看】按钮,如下图所示。

步骤06 打开该文档,并在【导读】选项卡下显示文档的全文概述和关键要点,如下页图所示。

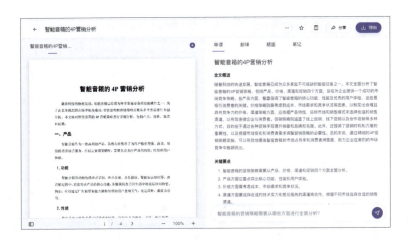

步骤 07 如果用户要对文档中的某句话或某段内容进行解读，可以在左侧文档区域中选择要解读的文本，选择完成后，在弹出的菜单中选择【解读】选项，如右图所示。

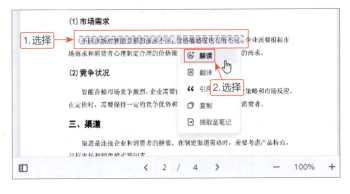

步骤 08 通义会对其进行解读，如下图所示。

步骤 09 用户还可以在输入框中输入问题，输入完后单击【发送】按钮，如下页图所示。

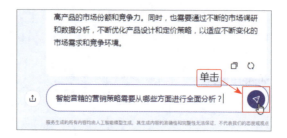

步骤⑩ 通义会根据文档内容进行回答，如下图所示。

步骤⑪ 问答完毕后，可单击 按钮，如下图所示，隐藏【智能问答】页面执行其他操作。

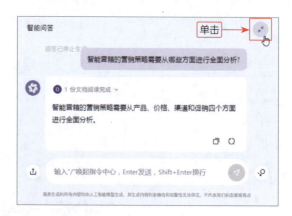

5.2.2 实战：全文一键翻译

通义效率提供了全文翻译服务，支持对文档内容进行中、英互译。

步骤① 选择【翻译】选项，然后单击【开始翻译】按钮，如下页图所示。

步骤 02 通义即可进行全文翻译，如下图所示。

5.2.3 实战：生成和导出脑图

为了进一步优化信息处理效果，通义支持从文档内容中提取关键点，生成易于理解的脑图，帮助用户快速掌握文档内容精髓，实现高效学习。

步骤 01 选择【脑图】选项，通义会自动生成脑图。如果要放大显示脑图，可单击【全屏查看】按钮，如下页图所示。

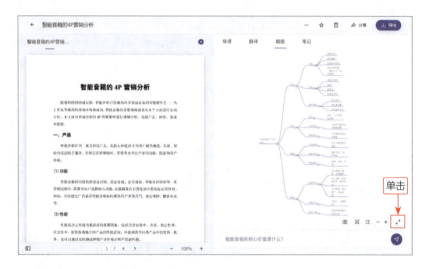

步骤02 该脑图全屏显示，如下方左图所示。

步骤03 如果要导出该脑图，可在全屏状态下单击【导出】按钮，在弹出的菜单中，选择要导出的格式，如选择【.xmind】，如下方右图所示。

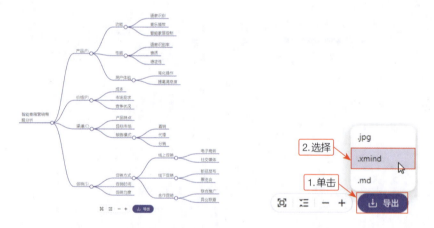

步骤04 浏览器会自动下载该脑图文件，用户在浏览器下载列表中查看即可，如下图所示。

5.2.4 实战：添加阅读笔记

通义的阅读助手支持用户在阅读文档时直接添加笔记，标注或摘取重要内容，便于复习和理解，提升学习效率和信息管理的系统性。

步骤01 选择【笔记】选项，打开笔记页面，如下图所示。

步骤02 用户可以输入自己的想法，并可以根据需求进行格式设置，类似于Word中的操作，如下图所示。

步骤 03 在阅读文档时，用户可以选择要摘取至笔记的文本，在弹出的菜单中选择【摘取至笔记】选项，如下图所示。

步骤 04 即可将文本摘取至笔记，如下图所示。

5.3　PPT制作

无论是学术报告还是商业演示，一份高质量的PPT都是成功展示的关键。通义的【PPT制作】功能，能满足不同场景下的需求，让每个人都能轻松制作出专业的PPT。

5.3.1 实战：一句话生成PPT

对于需要快速准备演示材料的情况，通义效率提供了一句话生成PPT的功能。用户仅需输入核心内容，通义即可自动生成简洁明了的PPT，极大地提高准备效率。

步骤 01 在通义的【发现智能体】页面，单击【PPT创作】下方的【开始创作】按钮，如下图所示。

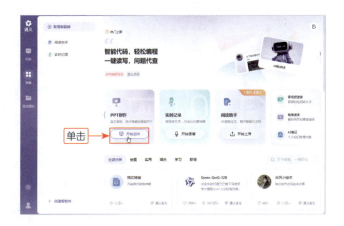

步骤 02 进入【通义PPT创作】页面，在输入框中输入主题或具体内容要求，输入完成后单击【下一步】按钮，如下图所示。

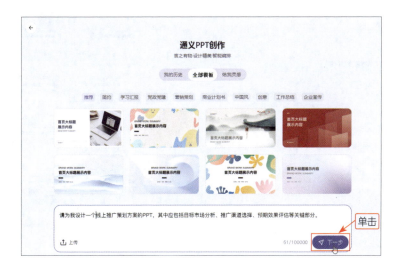

步骤 03 通义即可生成PPT的大纲，用户可以对其进行修改，还可以设置演讲的场景，完成后单击【下一步】按钮，如下页图所示。

步骤 04 用户可以在右侧【选择模板】列表中，选择要使用的模板，且可以在页面左侧预览模板效果，确定模板后，单击【生成PPT】按钮，如下图所示。

步骤 05 通义即可生成PPT，效果如下页图所示，用户可以根据需求对其进行修改。

步骤 06 如果要导出PPT，可单击【导出】按钮 ⊔，在弹出的菜单中选择【导出为PPT】
选项，如下方左图所示。

步骤 07 浏览器会下载该模板，如下方右图所示。

步骤 08 下载完成后，可用
PowerPoint或WPS Office
打开该文件进行查看，并
可根据需求进行编辑，如
右图所示。

5.3.2 实战：上传文件快速生成PPT

当用户已有详细的文档资料时，可以使用【上传文件生成PPT】功能，通义能够自动提取文档中的关键信息，快速生成PPT，既省时又省力。

步骤01 在【通义PPT创作】页面，单击【上传】按钮，在弹出的菜单中选择要上传的文件类型，如这里选择【上传文档】选项，如下图所示。

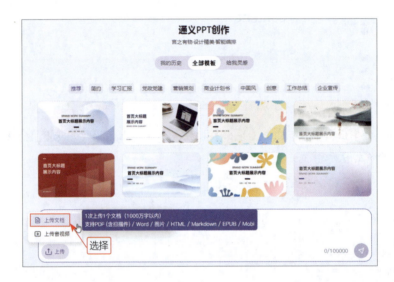

> **提示：** 通义支持的格式涵盖音频、视频、PDF（包括扫描件）、Word、图片、HTML、Markdown、EPUB以及Mobi。其中，可上传的视频文件最大为6GB，音频文件最大为500MB，音视频的时长上限为6小时。可上传的文档文件最大为100MB，且文档中的字数最多可达1000万字。

步骤02 弹出【打开】对话框，选择要上传的文档，然后单击【打开】按钮，如右图所示。

步骤 03 文档上传完成后，可以根据需求在输入框中输入要求，也可以直接单击【下一步】按钮，如下图所示。

步骤 04 通义即可根据文档内容生成PPT的大纲，用户可以对其进行修改，完成后单击【下一步】按钮执行PPT创建操作，如下图所示。

5.3.3　实战：长文本生成PPT

针对长篇幅的文本，通义支持根据文本内容智能生成结构合理、内容丰富的PPT，最多可输入10万字的长文本，适用于需要详细讲解的场合。

步骤 01 在【通义 PPT 创作】页面，将文本输入或粘贴至输入框中，然后单击【下一步】按钮，如下图所示。

步骤 02 通义即可根据文本内容生成PPT的大纲，用户可以对其进行修改，完成后单击【下一步】按钮执行PPT创建操作，如下图所示。

5.4 音视频速读

音视频资源丰富多样，但从中提取信息往往耗时费力。通义的【音视频速读】功能，可以将音视频转换成文字或生成脑图，帮助用户快速获取和整理信息，提高利用音视频资源的效率。

步骤 01 在通义的【发现智能体】页面，单击【音视频速读】按钮，如下图所示。

步骤 02 弹出【音视频速读】对话框，本例将视频文件拖曳至上传区域，如下图所示。

步骤 03 上传后，音视频文件会显示在列表中，用户还可以单击【继续添加】按钮添加音视频文件，然后可以根据需求设置【音视频语言】、【翻译】及【区分发言人】选项，如下页图所示。

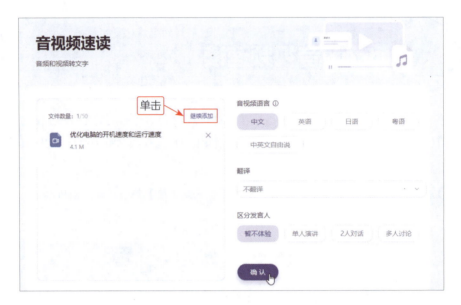

步骤 04 上传并转写完成后，在【上传记录】中，
单击【立即查看】按钮，如右图所示。

步骤 05 进入操作页面，可以看到通义将音视频文件
转换为文字，显示在左侧的【语音转文字】区域
中，右侧的【导读】下方显示了关键词、全文概要和章节速览等，如下图所示。

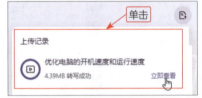

步骤 06 用户播放音视频文件，音视频下方的文字也会相应变化。如果文字不准确，还可
以对文字进行修改，如下页图所示。

步骤 07 选择【导读】选项下方的【要点回顾】选项，会显示该音视频文件的要点内容，如下图所示。

步骤 08 选择【脑图】选项，可以查看该音视频文件的脑图，如下页上图所示。

步骤 09 用户如果想将文本导出，除了复制外，另一种简单的方法是单击右上角的【导出】按钮，在弹出的【导出】对话框中设置【文档格式】、【显示信息】，然后单击【导出】按钮，如下页下图所示。

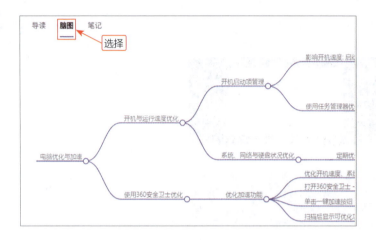

5.5 论文速读

在学术研究中，快速地阅读和理解论文是基础技能之一。通义的【论文速读】功能，可以提炼有价值的知识，帮助用户节省时间。

步骤 01 在通义的【发现智能体】页面，单击【阅读助手】下方的【开始上传】按钮，如下页图所示。

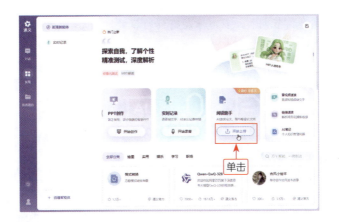

步骤02 将论文文档拖曳至上传区域，如下方左图所示。

步骤03 论文上传完成后，在【上传记录】列表中单击【立即查看】按钮，如下方右图所示。

步骤04 通义已经完成提炼全文摘要、论文方法等操作，如下图所示。

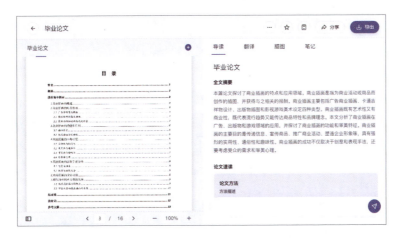

步骤 05 用户可以进行智能问答，获取希望得到的答案。通义回答的内容末尾会显示【来源文件】，如下图所示。

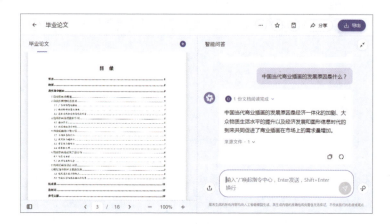

步骤 06 单击 ☑ 按钮后会显示来源文件，如下图所示，单击该文件可跳转至问答对应原文中的位置。

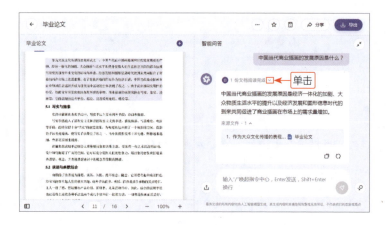

5.6 智能解析网页 URL

互联网上的信息五花八门，如何高效筛选和利用这些信息是一大挑战。通义的【链接速读】功能能够解析网页 URL（Uniform Resource Locator，统一资源定位符）或播客

RSS（Really Simple Syndication，简易信息整合），智能总结链接的关键信息，让用户能够迅速判断信息的价值，提高在线学习和工作的效率。

步骤01 在通义的【发现智能体】页面，单击【链接速读】按钮，如下图所示。

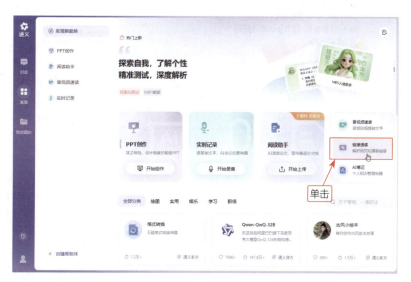

步骤02 弹出对话框后，在相应的选项卡中，填写或粘贴链接对应内容，下面以选择【网页阅读】选项为例，填写URL后，单击【确认】按钮，如下图所示。

步骤03 通义即可对URL对应的网页进行阅读和分析，自动提取文章概述、关键要点等。待解析完成后，在【上传记录】列表中，查看该网页阅读信息，进入其页面。用户可以选择左侧读取的网页内容进行解读，也可以通过选择【脑图】、【笔记】等选项来辅助阅读，如下页图所示。

第6章

智能助手：通义 App 的应用

　　在智能科技飞速发展的今天，智能助手已成为我们生活与工作中的得力伙伴。本章主要介绍通义 App 的应用，深入探索其多样化的功能。通过详细介绍通义 App 的个性化设置、与通义 App 的对话方式，以及一系列特色功能，如拍照问答、实时翻译等，全面展示通义如何以智能化、个性化的服务，满足用户在不同场景下的需求，让通义的应用更加贴近用户的生活，提升效率与体验。

6.1 通义App的个性化设置

随着智能助手在日常生活中的普及，通义App成为我们的好伙伴。为了更好地利用这一工具，了解其设置显得尤为重要。本节将深入探讨通义App的个性化设置，让你轻松掌握智能助手的配置技巧，让通义更懂你的心。

步骤01 初次使用前，需在手机应用商店下载并安装通义App。安装完成后，点击手机桌面上的通义App图标，启动App，根据提示登录，进入其主界面。点击左上角的☰按钮，如下方左图所示。

步骤02 进入个人页面，点击左上角的⚙按钮，如下方右图所示。

步骤03 进入【设置】页面，该页面包含一系列选项，包括【通义形象】、【语音播报】、【主题色彩】、【字体大小】、【震动反馈】等。例如选择【通义形象】选项，如右图所示。

步骤04 进入【通义形象】页面，有3种形象供选择，用户可以左右滑动选择喜欢的形象，点击下方的【语音音色】选项，如下页左图所示。

步骤05 进入【语音音色设置】页面后，用户可以选择喜欢的音色，点击即可试听，如下页中图所示，确认要设置的音色后，点击<按钮返回【设置】页面，设置即可生效。

步骤06 在【设置】页面，选择【语音播报】选项，进入【语音播报设置】页面，可以根据需求设置语音播报，如下页右图所示。

6.2 与通义App的对话方式

要想更好地使用通义App，对话方式的选择尤为关键。本节将为你介绍语音输入与实时语音通话两大实用功能，让你随时随地都能与通义AI保持紧密联系，享受便捷高效的对话体验。

6.2.1 实战：语音输入

语音输入是用户在使用通义App时，与通义对话的便捷方式。本小节将教你如何准确使用语音输入功能，让沟通更加流畅自然，无须动手即可轻松传达提示词。

 在通义App主界面中，点击输入框中的⏺按钮，如下页左图所示。

 按住【按住说话】按钮，如下页右图所示。

步骤 03 对准手机话筒，说出自己想要输入的内容，松开按钮即可发送消息，如下图所示。

6.2.2 实战：实时语音通话

实时语音通话能让你与通义的对话更加即时、更具互动性。本小节将带你体验这一功能，让你感受与智能助手无缝交流的畅快淋漓。

步骤 01 在通义 App 主界面，点击输入框中的 ⊕ 按钮，如下图所示。

步骤 02 在展开的菜单中点击【通话】按钮📞，如下图所示。

步骤 03 拨通后，即可进入语音通话的页面，如下页左图所示。

步骤 04 用户可随时说话，通义会实时识别并在屏幕上显示用户说话的内容，如下页右图所示。

步骤 05 当用户说话完毕，通义会进行回复，如下方左图所示。

步骤 06 通义在说话时，用户可以随时说话或轻点屏幕中断其回复。用户待通义回复完后，可继续说话与其进行互动，如下方右图所示。

步骤 07 点击顶部的【场景选择】按钮，在展开的场景中，用户可按需求进行选择，如点击【口语对练】，如下方左图所示。

步骤 08 通义即可与用户进行口语互动，如下方右图所示。

6.3 通义的特色功能

通义 App 除了具备基础的对话功能，还拥有众多的特色功能，让它的应用更加丰富多彩。本节将带你领略这些特色功能的魅力，让你的生活因通义而更加精彩。

6.3.1 实战：拍照问答

拍照问答功能允许用户拍照或者从相册中选择一张照片进行提问，通义可以找到相关答案或信息。例如，用户拍了一张咖啡的照片，想找到这是什么品牌的咖啡，或者为该照片生成一条朋友圈文案，均可通过拍照问答功能实现。

步骤 01 在通义App主界面中，点击输入框中的⊕按钮，如下图所示。

步骤 02 在展开的功能菜单中，通过拍照或者选择相册中的图片进行互动，如这里点击【相册】按钮，如下图所示。

步骤 03 选择照片后，在输入框中输入提示词，点击【发送】按钮◁，如下方左图所示。

步骤 04 通义会快速响应提示词并给出回复，如下方右图所示。

6.3.2 实战：实时录音记录

实时录音记录功能能让你随时捕捉灵感，不错过任何重要信息。本小节将带你体验这一便捷功能，让记录变得轻松简单。

步骤01 点击输入框上方的【实时记录】按钮，如下图所示。

步骤02 弹出【录音】窗格，选择要应用的收音模式，如这里选择【现场录音】模式，然后点击【开始录音】按钮，如下方左图所示。

步骤03 通义开始录音，并将音频实时转写为文字。在转写过程中，可点击【暂停】按钮 ‖，随时暂停，当录音完成后，则点击 ⏻ 按钮，结束录音，如下方右图所示。

步骤04 弹出窗格，可编辑录音文件名称及选择分类，然后点击【保存】按钮，如下页左图所示。

步骤 05 通义会智能总结转写的音频内容，可以查看原文、导读及脑图，并可进行翻译，如下方右图所示。

6.3.3　实战：实时翻译

通义支持中英文实时翻译，可助你轻松跨越语言障碍。

步骤 01 在功能菜单中，点击【翻译】按钮，如下图所示。

步骤 02 弹出【翻译】窗格，用户可通过语音输入或文本粘贴的方式进行翻译，也可以进行同传翻译，例如这里点击【同传翻译】按钮，如下页左图所示。

步骤 03 进入【同传翻译】页面，顶部设置好翻译项，然后点击【开始】按钮，如下页中图所示。

步骤04 同传翻译功能即可实时翻译，使用完成后，点击【停止】按钮，如下方右图所示。

6.3.4 实战：通义智能体的使用与创建

通义App提供了一系列功能强大的智能体，涵盖角色、实用、娱乐、学习及职场等多个类别。用户可根据自身需求，灵活选择相应智能体，提升生活与工作效率。

1. 使用智能体

步骤01 在主界面中，使用手指向左滑动手机屏幕，即可进入【精选】界面。顶部菜单提供了多种功能选项，包括视频生成、绘图、角色等。例如点击【热门应用】列表中的【千问大模型】智能体右侧的【使用】按钮，如右图所示。

步骤02 此时，即可进入【千问大模型】的对话界面，在输入框中输入文本，然后点击 按钮，如下方左图所示。

步骤03 与其他智能体不同，【千问大模型】会逐步思考并拆解用户的需求，如下方中图所示。

步骤04 待深度思考完成后，【千问大模型】即会给出回复内容，如下方右图所示。

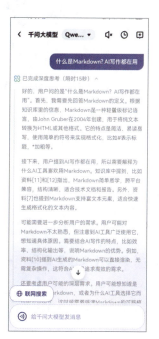

2. 创建智能体

步骤01 点击顶部右侧的 ⊞ 按钮，如下图所示。

步骤02 进入【创建智能体】界面，界面中包含两种创建方式。例如，这里选择【创建工具】选项，如下页左图所示。

步骤03 进入【创建工具】界面，在【工具名称】文本框中输入工具的名称。如果需要设置头像，则点击头像右下角的 按钮，如下方右图所示。

步骤04 弹出【头像】窗格，可以选择相册图片，也可以点击【AI头像生成】选项，根据提示生成AI头像，如右侧左图所示。

步骤05 点击【工具设定】右侧的【一键生成】按钮，通义可根据工具名称，自动生成设定要求，用户可以根据需求对生成的内容进行更改，然后点击【创建】按钮，如右侧右图所示。另外，用户可以根据需要设定语音、公开权限及高级设置等。

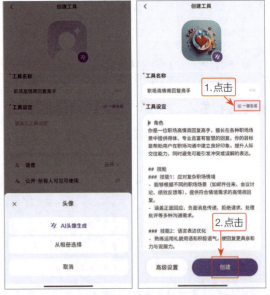

步骤 06 进入【你的工具已诞生】界面，如果是设置的公开权限，需要审核完成后，他人才可以看到，这里点击【开始聊天】按钮，如下方左图所示。

步骤 07 进入该工具的聊天界面，用户可以与其进行互动，如下方右图所示。

提示： 当下次使用时，在通义主界面中，点击 ☰ 按钮进入个人界面，在【我聊过的智能体】列表中，可以选择创建的工具，进行快速使用。

第7章　通义大模型家族：其他产品的应用体验

在AI技术飞速发展的背景下，阿里云推出了多款功能强大的AI产品，为用户带来了前所未有的智能体验。本章将介绍通义系列其他的AI产品，涵盖图像创作、编码、法律、角色对话以及企业客服等多个领域，展示AI技术在实际应用中的便捷性。

7.1 AI图像、视频创作助手——通义万相

通义万相是阿里云推出的一个AI图像、视频创作平台，它是阿里云"通义大模型家族"的一员。通义万相不仅能够根据文字描述生成栩栩如生的图像作品，还能根据文字和图片生成视频，为创作者提供前所未有的创作方式。

7.1.1 实战：根据文字描述生成图像作品

想象一下，只需输入一段文字描述，就能生成一幅与之匹配的图像。通义万相让这一想象成为现实，助你轻松跨越文字与图像的界限。

步骤01 打开通义万相官网，单击【文字作画】按钮，即可进入对应的页面，如下图所示。

步骤02 通义万相支持不同的创作模型，单击【万相2.1专业】右侧的 > 按钮，如下页图所示，将弹出【创作模型】面板，不同的创作模型在生成速度、擅长品类、细节品质、语义理解、风格泛化性等方面有不同表现，可根据需求进行选择。

步骤03 在输入框中输入提示词，用户可以通过自然语言描述或排列关键词两种方式输入，如右图所示。

提示： 在根据文字描述生成图像作品时，常采用"主体+场景+风格"的结构组织提示词。

• 主体：提示词中最重要的部分，它指定了画作的主要内容和元素。例如，在描述一幅风景画时，画面主体可能是"山川""湖泊""森林"等；在描述一幅人物画时，画面主体可能是"人物肖像""女性形象""儿童玩耍"等。

• 场景：主体所处的环境，包括室内或室外、季节、天气、光线等。场景可以是物理存在的真实空间或想象出来的虚拟空间。

• 风格：用于指定画作的风格和表现形式。风格包括画作类型（如油画、水彩画、素描等）、色彩风格（如鲜艳、柔和、对比度强等）、构图方式（如对称、非对称、透视等）等。例如，在描述一幅画作时，可以用"油画般的质感""柔和的色彩""对称的构图"等来形容它的风格。

在实际操作中，除了主体、场景及风格外，还可以增加更多的细节描述，例如镜头语言、氛围描述等。

步骤04 在输入提示词时，如果不知道如何描述细节，可以单击【智能扩写】按钮，丰富相关描述；当需要使用扩写的内容时，可单击【使用扩写结果】按钮，如右图所示。

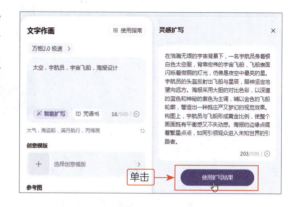

提示： 在使用【智能扩写】功能时，注意扩写结果可能会与最初输入的提示词有细微差异。

步骤05 另外，用户可以单击【咒语书】按钮，在打开的面板中，可以为提示词添加【风格】、【光线】、【材质】、【渲染】、【色彩】等类型的描述，如右图所示。单击描述按钮，对应描述即可自动填入输入框中。

步骤06 在【创意模板】区域，可以进一步控制画面的风格和内容，如下图所示，如不需要设置则无须选择。

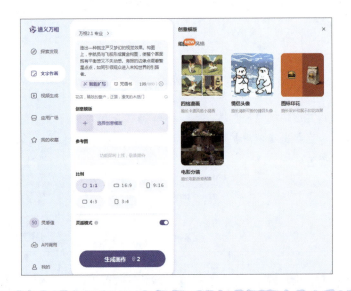

> **提示：** 通过上传参考图，可以让通义万相将图像中的风格或主体作为参考元素，并控制图像与提示词之前的参考权重。目前通义万相2.1模型暂不支持参考图，如需使用，需要切换为万相1.0模型。

步骤07 在【比例】区域，设置画作的比例，然后单击【生成画作】按钮，如下图所示。

步骤 **08** 生成完成后，即可看到生成的4幅图，如果不满意生成的图片效果，可单击【再次生成】按钮，如下图所示。

步骤 **09** 重新生成图片，如下图所示。

步骤 **10** 单击生成的图片，可以放大显示该图片。用户还可以根据需求单击【高清放大】、【局部重绘】、【生成相似图】等按钮，如果要下载该图片，可单击右上角的【下载】按钮，如下页图所示。

7.1.2 实战：根据文字生成视频

文字与视频的结合能产生怎样的火花？通义万相能让你见识到根据文字生成视频的"魔力"，让视频创作更加简单有趣。

步骤01 打开通义万相官网，单击【视频生成】按钮，即可进入对应的页面，如下图所示。

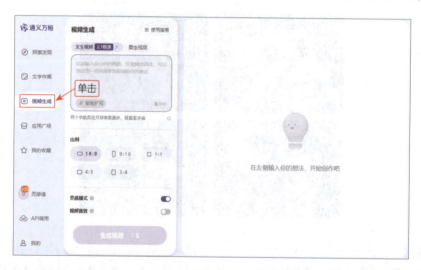

步骤02 选择【文生视频】选项，在输入框中输入简单的描述，单击【智能扩写】按钮，即可丰富相关描述，然后单击【使用扩写结果】按钮，如下页图所示。

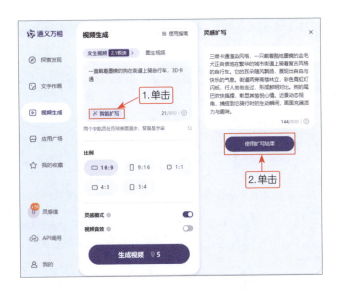

步骤 **03** 扩写结果会自动填入输入框中，设置视频的【比例】，根据需求选择是否开启【灵感模式】和【视频音效】，然后单击【生成视频】按钮，如下图所示。

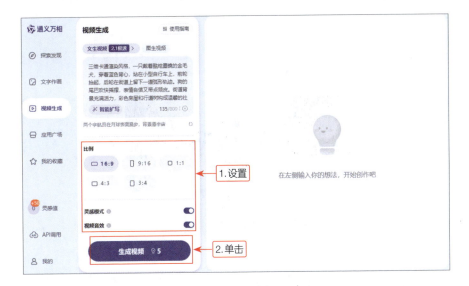

> **提示：**【灵感模式】开启后，可以为视频增加创意灵感，提升画面的丰富度与表现力，但输出结果可能会与输入的提示词有差异。【视频音效】开启后将为视频内容生成合适的声音效果，若无明确的内容可生成声音效果，则生成背景音乐。

步骤 **04** 通义万相即可开始生成视频，视频生成时间较长，需要等待，如下图所示。

步骤 **05** 视频生成完成后，即可播放查看，也可单击页面中的【下载】按钮进行下载，如下图所示。

7.1.3 实战：根据图像生成视频

通义万相支持将静态的图像转化为生动的视频，轻松助你发挥创意，赋予图像新的生命力。

步骤 **01** 在【视频生成】页面，选择【图生视频】选项，可通过上传或拖曳两种形式选择图片。例如，拖曳图片至上传区域，如下页图所示。

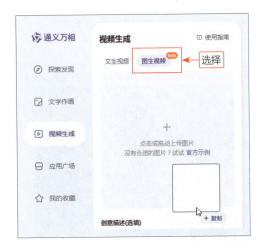

步骤02 上传图片之后，即会弹出【裁剪比例】对话框，选择图片的比例，单击【完成】按钮，如右图所示。

步骤03 用户可根据需求填写【创意描述】的内容、开启【灵感模式】及【视频音效】，然后单击【生成视频】按钮，如下图所示。

步骤 04 待视频生成后，用户即可预览生成的视频，如下图所示。

7.1.4 实战：一键迁移图像风格

通义万相的【应用广场】包含众多功能，可以满足用户的不同创作需求，本小节将以【风格迁移】功能为例，介绍通义万相的特色功能，实现一键迁移图像风格。

步骤 01 单击【应用广场】按钮，进入对应的页面，在【AI图像】区域下，单击【风格迁移】按钮，如下图所示。

步骤 02 进入【风格迁移】页面，用户需要分别上传风格图和原图，如下页图所示。

步骤 **03** 上传风格图和原图后，单击【生成画作】按钮，如下图所示。

步骤 **04** 通义万相即可生成新的效果图，如下页图所示。

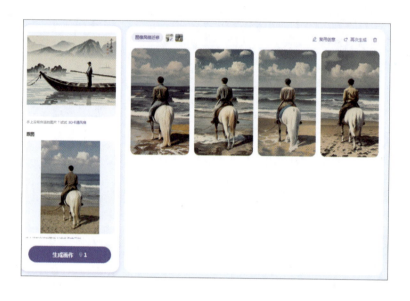

7.2　AI编码助手——通义灵码

通义灵码作为AI编码助手，旨在提高开发者的编程效率和程序的质量。它不仅能够解读复杂的代码逻辑，还能够自动生成代码片段，甚至协助进行代码调试和测试，是开发者不可或缺的智能伙伴。

如果是普通用户，可以直接使用通义，本节将要讲述的通义灵码更适合开发者使用，使用难度相对较大。

7.2.1　实战：通义灵码的环境配置

在使用通义灵码时，需要配置开发环境，具体操作步骤如下。

步骤 01 在通义灵码官网单击【个人免费使用】按钮，进入对应的页面，选择要使用的开发工具。例如，选择【Visual Studio Code】，单击【立即安装】按钮，如下页上图所示。

步骤 02 安装 Visual Studio Code 后，即可根据页面下方的安装步骤，在 Visual Studio Code 中搜索并安装通义灵码扩展，如下页中图所示。

步骤03 安装完成后，根据提示登录阿里云账号，显示【通义灵码：登录成功】后，表示扩展可用，如右图所示。

7.2.2 实战：解读代码

解读代码是常见的任务，通义灵码可以帮助开发者快速理解复杂的代码逻辑，并提供详细的注释和解释，提高代码的可读性和可维护性。

步骤01 在 Visual Studio Code 的侧边栏中，单击【通义灵码】图标，进入对应的界面，如下图所示。

步骤02 在输入框中输入代码片段，如下图所示，然后按【Enter】键。

步骤03 通义灵码会逐行解读这段代码，相比通义更加专业，如下页图所示。

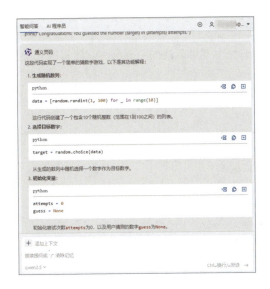

7.2.3 实战：生成代码

通义灵码可以根据具体的需求和编程语言，生成符合规范的代码，帮助初学者快速实现功能，减少手动编码的时间和错误。

步骤 01 在输入框中输入生成代码的提示词，如右图所示。

步骤 02 通义灵码会根据提示词生成相关代码，如右图所示。

7.2.4 实战：代码调试

调试（Debug）是编程中不可或缺的一部分，它能帮助开发者发现并修复代码中的错误。

步骤 01 在输入框中输入调试提示词以及代码，单击 → 按钮，如下图所示。

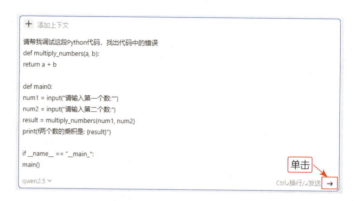

步骤 02 通义灵码即会分析出错的地方并给出修正后的代码，如下图所示。

7.3 AI法律助手——通义法睿

通义法睿作为AI法律助手，可以提供即时、准确的法律咨询服务。无论是法律咨询、文书生成、法律检索、文本阅读还是合同审查，通义法睿都能够提供专业的支持，使获得法律服务更加轻松和便捷。

步骤01 打开通义法睿官网，登录阿里云账号，即可进入对应的页面，其包含【法律咨询】、【法律检索】、【合同审查】、【文本阅读】、【文书生成】和【知识库】6个功能选项。例如，选择【法律咨询】选项，如下图所示。

步骤02 在输入框中输入要咨询的法律问题，单击【发送】按钮，如下图所示。

步骤03 通义法睿即会检索相关法律法规，并回复相关问题，如下页图所示。

步骤04 用户可以选择【文书生成】选项，如下图所示，在【起诉状】输入框中输入案情描述，如下图所示，然后单击【立即撰写】按钮生成文书。另外，用户可以根据需求选择其他功能选项进行操作。

7.4 角色对话智能体——通义星尘

通义星尘是阿里云打造的创新性的类人智能体/数字分身创作平台，旨在通过高度智能化的技术，为用户提供拟人角色扮演、深度用户互动以及交互数字人实时渲染等丰富功能。

在具体功能方面，通义星尘支持创建个性化的数字分身，用户可以根据自己的喜好调整虚拟形象的外貌、声音甚至性格特点，使虚拟形象更加贴近个人风格或特定角色设定。这些智能体不仅能进行个体与个体之间的深入交流，还可以在群聊场景下与其他智能体或用户进行互动，实现多角色之间的复杂对话，适用于在线教育、娱乐直播、客户服务等多个领域。通义星尘提供的服务助手如下图所示。

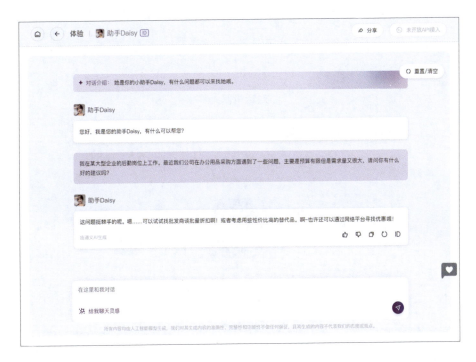

它可以作为企业的虚拟客服，提供24小时不间断的咨询服务，解答客户疑问，提升客户体验。同时，对于内容创作者来说，通义星尘提供的数字人形象定制服务可以帮助他们快速生成高质量的视频，降低制作成本，提高创作效率。

此外，通义星尘提供了丰富的前端交互体验，还开放了强大的API（Application Program Interface，应用程序接口），使得开发者能够轻松地将通义星尘的功能集成到自己的应用程序或服务中，适合各类企业和个人用户，尤其是那些希望利用AI技术优化用户体验、增强品牌影响力或提升内容创作能力的人士。无论是商业应用还是个人娱乐，通义星尘都能提供强大的技术支持和无限的创意空间。

7.5 AI企业客服——通义晓蜜

通义晓蜜是阿里云发布的一款功能强大、灵活易用的AI企业客服产品，也是阿里云通义系列的一个产品。通义晓蜜主要包括【对话机器人】、【智能坐席助理】及【多模态智能联络中心】等功能。它能通过智能化手段帮助企业提升服务效率和客户满意度，是企业实现信息化、智能化转型的重要工具。下图所示为通义晓蜜的官网页面。

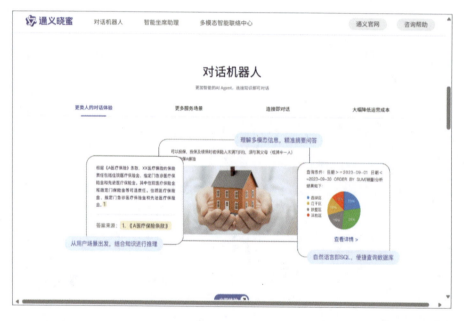

通义晓蜜的对话分析基于深度调优的对话大模型，能为营销服务类产品提供智能化升级所需的生成式摘要总结、质检、分析等能力。通义晓蜜能通过API为客户提供服务，方便客户进行集成和使用内置模板或自定义模板，实现多种规格专属模型的切换和多提示词精准执行。

通义晓蜜可被广泛应用于各种需要客服支持的领域，如电商、金融、教育、医疗等。它可以帮助企业提升客服应答效率和质量，降低运营成本，同时提升客户满意度和忠诚度。